2020年“海南省党建工作标杆院系”培育建设项目（琼教党函[2020]77号）阶段性成果

2020年“海南省高校网络教育名师培育支持计划”项目（琼教思政[2020]30号）阶段性成果

网络素养培养与大学生成长研究

杨 敏 曾德锦 著

北京工业大学出版社

图书在版编目（CIP）数据

网络素养培养与大学生成长研究 / 杨敏，曾德锦著
. — 北京 ：北京工业大学出版社，2021.4
ISBN 978-7-5639-7899-1

Ⅰ．①网… Ⅱ．①杨… ②曾… Ⅲ．①大学生－计算机网络－素质教育－研究②大学生－人才成长－研究
Ⅳ．①TP393 ②G645.5

中国版本图书馆 CIP 数据核字（2021）第 081797 号

网络素养培养与大学生成长研究
WANGLUO SUYANG PEIYANG YU DAXUESHENG CHENGZHANG YANJIU

著　　者：杨　敏　曾德锦
责任编辑：郭志霄
封面设计：知更壹点
出版发行：北京工业大学出版社
（北京市朝阳区平乐园 100 号　邮编：100124）
010-67391722（传真）　bgdcbs@sina.com
经销单位：全国各地新华书店
承印单位：天津和萱印刷有限公司
开　　本：710 毫米 ×1000 毫米　1/16
印　　张：10
字　　数：210 千字
版　　次：2021 年 4 月第 1 版
印　　次：2021 年 4 月第 1 次印刷
标准书号：ISBN 978-7-5639-7899-1
定　　价：60.00 元

前言

随着社会不断进步，网络给人类社会带来了深刻变化。网络作为当今最具发展活力的领域，为中华民族伟大复兴带来了难得的机遇，也对我国培养高等人才提出了更高的要求。高校人才培养直接关系到中国社会发展和综合实力的提高，甚至影响到中华民族的繁荣富强。然而，随着网络的兴起，部分大学生存在网络素养缺失的情况，这就导致一些大学生不能正确利用网络，对网络信息的辨别能力不足，进而出现网络借贷陷阱、电信诈骗、网络成瘾等一系列大学生网络问题，严重影响了大学生的健康成长。另外，这些问题也充分暴露出我国大学生网络素养有待提高，高校网络素养教育有待加强。

本书第一章为大学生网络素养概述，分别介绍了大学生网络素养的内容、大学生网络素养问题的原因及解决对策、微媒体与大学生网络素养形成、大学生网络素养培育对策四个方面的内容；第二章为大学生网络素养缺失下的网络沉迷行为，主要介绍了三个方面的内容，依次是大学生网络素养缺失下的沉迷网恋行为、大学生网络素养缺失下的网络游戏成瘾行为、大学生网络素养缺失下的沉迷色情信息行为；第三章为大学生网络素养缺失的案例解析，介绍了三个方面的内容，依次是校园贷事件案例解析、网络营销代理骗局案例解析、大学生滥用网络信用卡案例解析；第四章为大学生的成长研究，介绍了五个方面的内容，依次是大学生的成长规律、大学生成长之注重心理健康、大学生成长之树立文化自信、大学生成长之融入社团、大学生成长之就业；第五章为大学生成长的影响因素，主要介绍了三个方面的内容，分别是大学生的生活方式、大学生的生命观、大学生的心理问题。

笔者在撰写本书的过程中，得到了许多专家学者的帮助和指导，参考了大量的学术文献，在此表示真诚的感谢。由于笔者水平有限，书中难免会有疏漏之处，希望广大同行及时指正。

目 录

第一章　大学生网络素养概述

随着科技的进步，网络的发展，手机、笔记本电脑基本成为大学生入学的标配，这为大学生学习、社交都带来很大的方便，随之而来的便是大学生网络素养问题的出现。本章从大学生网络素养的内容、大学生网络素养问题的成因及解决对策、微媒体与大学生网络素养形成、大学生网络素养培育对策四个方面进行分析。

第一节　大学生网络素养的内容

大学生网络素养的主要内容包括以下六方面：

一、大学生网络认知与操作素养

大学生顺利进行网络实践活动，同时提升网络综合素养的基本前提就是具有网络认知与操作素养。它是指大学生对网络整体的认知，以及利用网络来获取和创造信息的能力。网络信息技术等物质基础支撑着网络社会的虚拟实践活动，同时人们的网络言行也需受其规范和束缚，人们必须在合法的范围内开展虚拟实践活动。要想在网络社会中进行信息传播和人际交往，就必须具有一定的网络认知与操作素养。

二、大学生网络自我约束素养

大学生的思想还处于发展阶段，处于对这个社会充满探索欲和好奇心的阶段。如今互联网飞速发展，给他们提供了探索和发现的空间，给他们提供了无限的可能。网络相较于现实社会更具诱惑力，这使他们更容易沉迷于网络中，引发各种不良行为，对其身心造成不良影响。大学生网络自我约束素养，就要求大学生能够在使用网络时，一方面将网络作为工具，辅助好自己的学习、生活，提升自身学习水平，提高生活质量，另一方面，在学习生活之余，学会利用网络放松身心。在这一过程中要把握好使用的时间，做到上网有节制，避免沉迷网络游戏等消耗精力、容易上瘾的网络活动中。

三、大学生网络信息甄别素养

大学生网络信息甄别素养是指，大学生对利用网络检索到的信息能够做出符合自然规律、符合价值观要求的判断。在网络社会中，大学生会接收到繁杂的信息，其中包含了许多人站在自身立场所做出的价值判断，大学生要具有理解这些多样的价值判断的心态和坚守本我的能力，能够做出自己的价值判断。大学生网络信息甄别素养，要求大学生利用成长过程中形成的思考方式及判断力，对网络上的信息做出正确的甄别。特别是新时代的到来，网络新媒体得以大力发展，网络信息的传播变得更为容易，大学生更应该具备良好的信息甄别能力，要立足事实，能够对大量网络信息做出理性的解读，做出正确的判断，自觉抵制不良信息、垃圾信息。

四、大学生网络安全素养

大学生网络安全素养是指大学生识别网络风险及保护自身安全的能力。这要求大学生在网络社会中有安全意识，遇到相关问题时具备妥善处理的能力，同时有规避风险的意识，自觉远离可能会侵害到自身隐私、财产的网络活动。在这个经济、政治、文化都飞速发展的新时代，互联网给人们带来红利的同时也伴随着一定的消极影响，一些崇尚金钱至上，享乐为先的人，变成了网络社会的蛀虫，隐藏在显示器后面传播他们的不良思想，导致网络环境被这些人所污染。大学生在这样的环境中开展实践活动难免受到影响。大学生在使用网络时，不仅要做到网络信息安全同时要做到网络思想安全，应意识到自己在网络社会中有可能面临的不良影响，自觉树立网络自我保护的意识，做好抵制不良影响的准备。

五、大学生网络法律素养

大学生网络法律素养是指，大学生对网络相关法律的掌握程度，以及使用法律解决在网络社会中遇到的问题的能力。在“四个全面”战略布局中，其中一个就是全面依法治国，需要每一个公民树立法治信仰和法律意识。大学生是实现中国梦的主力军，是祖国的未来、民族的希望，更应该具备相对较高的法律水平，树立正确的法治观念。大学生具有较高的网络法律素养体现在，能在网络社会中依法开展实践活动、遵守法律规范，为中国建设社会主义法治国家贡献力量。网络法律素养要求大学生提高网络法律意识，锻炼运用法律途径解决问题的能力，同时提升网络法治社会建设的参与度，主动宣扬法治观念，维护网络环境安全，用自身的守法行为带动身边网民群体，共同建设健康法治的网络社会。

六、大学生网络道德素养

大学生网络素养的核心就是网络道德素养。由于依靠网络进行的信息传播，基本是虚拟的、匿名的，因此在网络上每一名大学生的思想和行为无法被严格规范，这就需要大学生自觉提升网络道德素养，在思想和行为上自律，以助力网络社会的健康发展。"网络道德，是指以善恶为标准，通过社会舆论、内心信念和传统习惯来评价人的网上行为，调节网络时空中人与人之间以及个人与社会之间的行为规范。"网络新时代的来临和社会的进步，使得道德体系逐渐丰富起来，网络道德成为其中的新成员，它作为网络社会中人们的行为准则而存在。大学生网络道德素养要求大学生树立符合社会主义核心价值观的道德观念，不断规范自身的网络道德思想和行为，提升综合素质。

第二节　大学生网络素养问题的原因及解决对策

一、大学生网络素养问题

（一）缺乏自我约束力

互联网是一个开放、共享的平台，一些大学生沉迷其中患上了所谓的"网络依赖症"，过度依赖电脑、手机等互联网终端，沉迷于网络游戏、不正当社交等。一些大学生将互联网当作自我娱乐消遣的一种工具，既消耗了大学生大部分的时间和精力，耽误了学业，也影响了大学生自身的身心健康。因此，大学生利用网络进行自我学习的能力不强，创新意识有待进一步提高，缺乏自我约束力。在对于网络的使用上，大部分大学生依然停留在娱乐休闲方面，对于学习方面涉及较少，对网络信息没有进行进一步的利用与分析。

（二）网络信息批判辨别能力较差

网络上拥有海量的信息，但这里面也不乏大量不良信息，大学生对其难辨真伪。在调查中，大多数的大学生都表示知道网络信息部分是真部分是假，不能全部相信；认为网络信息还是健康的多一些、有害的少一些，对网络的发展前景表现出较为乐观、包容的态度。但是由于大学生对信息的分辨、筛选能力不强，缺乏深究网络信息或新闻产生的社会背景和实质原因的自觉意识，有些大学生仅仅根据个人的兴趣爱好和舆论倾向来做出是否接受的决定，这就会经常出现“人云亦云”的现象。很多大学生不能辨别网络信息的真实性，见到网上有人这样认为或身边的人都这样认为时，他也信以为真，从众心理较重。特别是目前十分流行微博，大学生将身边的所见所闻及时发微博，将自己感兴趣的内容转发至微博，甚至部分大学生已经成了“微博控”。大学生既是信息的接受者同时也是信息的传播者，若有谣言在大学生中产生，他们不仅成为谣言的受害者，也很有可能成为谣言的传播者，给校园的稳定甚至是社会的稳定造成不利影响。所以要提高大学生对信息的批判辨别能力，使他们能够更理性、更谨慎地评价、转发和利用网络信息。

（三）缺乏网络安全意识

与现实生活相比较，身处于网络虚拟世界中的大学生，其道德和法律意识显得很薄弱，因为虚拟世界中的法律和道德约束力不强。在网络虚拟世界中，著作权侵权、网络诈骗、网络攻击等违法行为更隐蔽，种种原因导致包括大学生在内的诸多人在使用互联网时道德法律意识非常匮乏。根据相关调查研究，很多大学生在互联网平台特别是自媒体中传播过未经证实的信息言论，甚至是攻击他人，这些行为严重的就是网络违法或犯罪。

（四）利用网络发展自我的素养较低

虽然大学生很喜欢上网，但他们对网络的运用能力不强，没有形成充分利用网络提升自己的自觉意识，还远达不到信息社会发展的要求。一些大学生上网，主要目的是娱乐和休闲，加上面对网络的海量信息，其对信息的搜索能力不强，容易出现信息迷航，想有效地利用网络进行学习有时感觉“心有余而力不足”。

二、大学生网络素养问题的原因

（一）不良网络环境的影响

网络具有虚拟性、开放性、自由性、不确定性等特点，这就决定了网络的多元性和复杂性。网络已将整个世界变成一个可以互相联系的“地球村”，网络的连接给人们带来了前所未有的自由和便利，同时也为我们营造了一个多元化和复杂化的网络环境，这对人们的思想观念、生活方式、道德品行和审美情趣都产生深刻的影响。对于世界观、人生观和价值观尚未定型的大学生来说，在网络这种复杂多元的环境中，有些大学生易迷失方向，出现精神上的空虚。此外，网络世界里一些色情、虚假、暴力的信息和消极、颓废的思想等，都会对大学生的世界观、人生观和价值观的形成造成负面影响。

由于网络的隐蔽性和匿名性，网络上的许多行为是无规则和无限制的，所以在网络世界里较难形成相应的网络道德伦理规范和约束机制。一旦没有了道德标准和社会舆论的制约，人们就很容易丧失理性、道德感和责任感。因此，在网络的自由世界，对于自律意识不强的大学生来说，极容易出现知行分离的现象。在这样一种复杂多变、鱼龙混杂的网络环境里，对于自律意识不强、网络认知能力有限的大学生来说，要养成良好的网络素养是一件不容易的事情。因此，当前不良的网络环境是大学生网络素养缺失的原因之一。

（二）网络素养教育实施缓慢

目前，我国高校在相关课程的设置上，较为注重的是关于网络技能的教育，而关于网络道德意识和网络法制安全意识等方面的素养教育内容缺乏。虽然有少数的学校已经开设了关于网络素养教育的课程，但也仅仅是在新闻传媒专业和计算机信息技术专业的学生中进行，涉及面较窄，其他专业的学生很少有机会接触关于网络素养教育的内容，无法获得系统的、完整的网络素养教育。不少高校不仅没有设置系统的网络素养教育课程，也没有将网络素养教育的内容融入现有的科目教学中。

高校的网络素养教育师资缺乏，许多高校教师运用网络技术的水平不高。有些高校教师缺乏对网络的全面了解，对学生的上网动机、行为不了解，对他们的表达方式和交往方式没有进行深入研究，在教育过程中就难以起到应有的教育效果。高校要提升大学生的网络素养，就必须加强师资队伍建设，为开展网络素养教育培养专业人才。

（三）家庭的影响

家长都是“望子成龙、盼女成凤”的。但在实现生活中，有些家长对孩子的教育存在一定的误区，如从小对孩子的期望过高，给孩子提出一些不符合其实际的要求，当孩子达不到家长的要求时，孩子会怀疑自己的能力，自信心下降。“只要成绩好，做什么都行”，这是许多家长常对孩子说的话，表明有些家长过于看重学习成绩，而轻视对孩子良好品质的培养。生活中家长更多的是习惯性的唠叨和抱怨，缺少对孩子的倾听和表扬，导致孩子的内心感受被忽视；

对孩子严格要求，却忽视严于律己，没有做到言传身教。这些教育上的误区不利于孩子的健康成长，容易使他们变得内向、缺乏自信、对他人过于依赖、情绪多变、自我控制力较差，当他们进入网络虚拟世界这个“自由的王国”时，就容易受到网络的负面影响。

（四）大学生自身原因

大学时期是大学生在人生中所处的一个极为重要且危险的时期，是人生必经的成长阶段，大学生在这一时期将从单纯的青少年逐渐转变为成人。在这一时期，大学生表现出以下特征。一是在思想上还不够成熟，对任何新生新奇的事物充满好奇并付诸追求，容易受到不必要的外部因素影响，思维活跃，对外界事物充满好奇心。二是大学生在自我意识上趋于独立，有一种强烈的独立意识，并逐渐形成自我的价值观和人生观，自主性会不断加强，会不断地适应社会发展的需要，表现出对社会交往的渴望，想进一步地了解认识社会，希望自己得到社会的认可。三是由于大学生在心理上表现出的这些心理特征，他们在认识客观世界与网络媒介所构建的虚拟世界时缺乏足够理性的认识，在分析网络信息时表现出极大的非理性，缺乏深入的思考和分析，往往会产生一些盲目甚至极端的行为。在这一时期，大学生不论在自我的认知、心理特征还是情感交际等各个方面都会发生一些特殊的变化，这些都构成了大学生特殊的心理行为。

三、大学生网络素养问题的解决对策

（一）学生层面

大学生网络素养的提升首先应从提高大学生自我管理与发展能力着手，具体做到以下几点：一要增强大学生网络行为的自律意识，包括明确上网目的，合理安排上网时间，自觉维护网络秩序；二要提高大学生的网络技术水平，既要会用技术，也要用好技术，可以充分借助网上各种学习提升类 APP 进行在线学习，努力从“学会”到“会学”；三要唤醒大学生内心的责任感，在“无处不网、无时不网、无人不网”的时代，大学生需要做到责任内化、心理内省和自我管理。

（二）家庭层面

1. 家长对子女的正确引导

家庭教育的潜移默化的影响，对于大学生网络素养的提升具有重要作用。因此，家长需要不断提升素养，为子女做好表率。其中，家长要更加注重在网络道德、法律观念等方面对子女的引导，一方面，不在网络上散布不实言论，从而以个人的实践活动为孩子做好表率，另一方面，要鼓励、教导孩子正确利用网络平台发布个人言论。家长要正确认识原有对网络的不当看法，在鼓励孩子利用纸质材料加强学习的同时，还应当鼓励孩子利用网络平台提升知识水平、拓宽个人视野。

2. 家长注重良好家庭氛围的营造

家长需要关注孩子的生活质量，以免孩子因为学习生活压力而沉溺游戏、沉溺虚拟世界；需要积极与孩子进行沟通，给予他们足够的关心和支持等。通过良好的家庭氛围的熏陶、安全的家庭心理环境的建立、和谐的家庭关系的维系，从而培养孩子积极健康的生活方式。

（三）学校层面

1. 设置网络素养教育课程

网络素养相关课程的设置将为大学生提供网络素养教育方面的方案，尤其要在思想政治教育体系中增设网络素养教育的章节，引入最新的国内外网络素养教育方法。同时，也可以创新网络素养课堂教育的模式，将其与实践相结合，在实践中总结课堂教育经验与方法。

2. 充分发挥思想政治辅导员的作用

辅导员作为大学生的思想政治教育工作中的骨干力量，是大学生健康成长的指导者和引路人，在学生的学习、生活等方面都会产生重要的影响。大学生将更加依赖互联网平台进行学习、交流，辅导员要帮助大学生端正在网络虚拟世界中的态度、思想和行为，发现问题应全力做到引导学生。

3. 引导学生进行自我教育和自我管理

学校应该坚持将学生作为教学主体，不断突出学生的主体地位。在学校教育中，有针对性地加强学生对网络素养基本知识的学习，不断培养学生的自律能力。校方需充分把握互联网的优势，加强对学生网络素养方面的宣传教育，发挥学生的主动性，引导学生进行自我教育、自我管理，树立正确的互联网观，进一步使学生能够有意识地正确辨识和分析互联网平台信息，形成良好的校园舆情环境。

（四）社会层面

完善网络立法和监管机制来净化环境。

1. 完善网络法律

完善的网络法律可以保证网络实践活动的有序展开，健全的监管机制可以使网络不法行为得到有效抑制。如今互联网信息技术发展迅速，新兴网络事物、网络实践活动、网络产业逐渐增多。但我国网络社会的法律体系还没有同步发展起来，网络社会中还存在很多法律暂无明确规定的地方，这使得当前的网络环境并不利于大学生网络素养的培育。因此，完善网络立法是净化环境的有力手段，应当加快网络立法进程，大力建设网络法律体系，打击网络违法行为。尤其应当加大对网络违法行为的执法力度，比如侵犯知识产权、传播不良网络信息等，从而形成网络舆论，给网民以警示作用。与此同时，应在网民的工作、生活中全面普法，使网民自觉做到知法、守法，并且可以合理地使用法律维护自身的权益、约束自身的行为。在网络法律法规得以完善、网民法律素养得以提升的前提下，大学生网络素养培育的环境一定会有所改善。

2. 加强对网络环境的监管

加强对网络环境的监管也是净化大学生网络素养培育环境的重要环节。应创新监管方式，加大监管力度，从网络信息的制造、传播、运行等多方面入手，形成多环节监管的机制。针对网络信息的制造、网络信息版权的归属应重点监管，从源头上杜绝网络不良信息的传播以及不良网络行为的发生。加强落实网络实名制，使网络空间变得真实化、透明化，使网民自觉遵守网络社会的各项准则。同时，政府要引导各网站完善举报机制、制定举报奖励措施，鼓励广大网民增强良性网络生态建设的责任心，加入监管网络信息的工作中来，共同加强对网络信息的监管，提高网民辨识信息的能力，使网民及时举报不良信息，防止不良信息在网络上传播扩散。在网络监管机制得到完善的基础上，大学生接触到的网络环境会更加安全，更有利于大学生网络素养培育工作的开展。

第三节 微媒体与大学生网络素养形成

一、微媒体概述

（一）微媒体定义

关于微媒体的定义有：微媒体是新的技术支撑体系下出现的新的媒体形态，即相对于报纸、电视、广播等传统媒体而言的新兴媒体；微媒体是指由许多独立的发布点构成的网络传播结构，并且特指由大量个体组成的网络结构；微媒体是以微博、微信为代表的新型媒体形式等。

笔者认为，微媒体是以手机移动客户端为发展平台进行网络信息传播的新型社会媒体。数量众多的个体组成网络结构，使用者利用其独特的网络传播结构实时传播分享信息、获取新鲜事物。微博、微信、微电影是现在微媒体的主流。2009 年 8 月中国门户网站新浪正式推出微博，逐渐被中文上网群体熟知使用。区别于其他老牌同性质的社交网络平台，微博被无数网民喜爱并且火热程度超乎想象，逐渐形成了“微博效应”。推出微博后的 2011 年 1 月，腾讯公司推出微信应用程序。腾讯公司创始人马化腾在采访中宣布，2018 年 2 月，微信全球用户月活数突破 10 亿人次。由此可见，微媒体已经成为中国网民网络交流互动的主要场所。

（二）微媒体的传播特点

1. 信息传播速度快

微媒体作为移动智能手机网络共享平台，由于微媒体发布内容普遍较为简短，只要拿起手机就可以刷新新鲜事，所以信息传播速度快、瞬时发布消息成为微媒体最大的特点，相比于传统媒介如电视、报纸或其他网络媒体等具有更多优势。当国际上或者国内发生一些重大事件时，微媒体成为民众了解该事件最快的媒介，也就是说如果一个微媒体使用者有 100 万个关注者，那他发布的消息会在瞬间传达给 100 万人。

2. 传播内容巨大但内容组成简单

微媒体对使用群体的年龄、职业没有明显的规定，所以信息发布者和信息接收者也没有明显的界线分割，获取信息途径有明显的自主选择性。只要符合自己偏好的就可以发布接收，造成现在微媒体传播内容数量上的庞大。科技的发展一方面为大量信息提供储存保障，另一方面可以让微媒体采取内容限定，即对发布内容的字数、时长等进行限制。微媒体传播内容简短精悍，不拖沓冗长，内容组成简单。

3. 传播由单一主体转向多元主体

微媒体向受众主体提供平台：既可以作为观众浏览收藏也可以作为发布者传播分享。也就是说从过去传统媒体或一些网络媒体的单一主体发展为多元主体，改变了专门组织生产的信息生产模式，能够发挥主体特色，但有时会呈现出杂乱没有约束的现象。

4. 传播交流方式新颖

主体的改变带来传播交流方式的改变，交流两端的人可以进行互动但又不需要主动互动。将信息发布后别人可以观看、共享，但是发布主体不需要参与其中，可以形成一点对多点、一点对一点、多点对多点等多种方式。这种新颖的传播交流方式，吸引了更多大学生使用微媒体。

微媒体的便捷性、自由性、交流性、体验性深受民众青睐，高校大学生更是如此。微媒体背景下，在大学生成长关键期对其进行网络素养培育有着非常重要的现实意义。

二、微媒体对大学生网络生活的影响

（一）开辟了大学生网络学习新方式

微媒体为大学生的学习方式搭建了新载体，现在微媒体都是以手机为终端进行发展的，手机又是大学生的必备品，所以获取信息十分便利。打开微媒体，大学生可以实时关注国家动态和世界新闻，掌握时政知识，日积月累，大学生通过微媒体获得的信息量超越了传统教育和传统媒体。大学生的学习模式发生改变，从传统课堂教学到网站式教学再到现在最为流行的微课教学，学习路径越来越简化，大学生可以随时随地进行学习，还可以在线与其他同学进行交流。例如，过去大学生考取驾照在学习科目一时，必须要到驾校所在地进行反复练习，而在微媒体环境下，大学生可以通过添加公众号的方式关注考取驾照的相关练习平台，平台上学习资料全面，大学生可以根据自己的情况而选择学习时间和学习地点。微媒体为当代大学生的学习带来了无限可能，免费海量的学习资料和赏心悦目的界面设置，让大学生随时打开微课堂就能继续学习，并且还可以分享资源与同学在线讨论。现在选择通过微媒体作为学习载体的大学生越来越多。教师可以将微媒体独有的特点与传统的教学理论结合，激发学生的学习兴趣。除了学习科研知识，微媒体对于大学生的心理教育和社会主义核心价值观的形成也提供了新方式，例如，微视频和微电影被大学生广泛接受，微视频《答卷》，就向大学生介绍了党的光辉历史和国家发展新局面，用视频的形式展现中国的治理成就，直观而富有创意，呼吁大学生热爱祖国，勿忘历史，珍惜生活。因此，微媒体丰富了大学生的学习方式，提供了新的网络平台，对大学生的理论知识积累和思想政治教育都起到促进作用。

（二）创设了大学生网络交往方式新环境

微媒体为大学生的网络交往方式创设了新环境，大学生人际交往形式发生变化，过去 QQ 是大学生交流经常使用的社交工具，现在几乎已经被微信、微博取而代之。特别是微媒体新增的一些功能如微信朋友圈、摇一摇等对传统电信业务和网站产生冲击，通话和短信业务被视频、语音取代，打开视频可以看到深处远方许久未见的老朋友，还可以与联系人共享位置，为面对面提供便利。只要大学生打开数据流量或者连接无线网络就可以即时接收联系人的消息、分享联系人的动态。交流方式多元化拉近了大学生与他人的距离，人际交往范围也不断拓宽。再加之微媒体开放性的特点，大学生可以通过分享自己的照片、视频、音频展示自己，与关注者互动，通过文字发表观点，参与讨论。交流方式的改变让大学生与外界的交流更加频繁，有共同兴趣的大学生可以组建成群进行高频交流互动，分享喜悦，分享成功。一些不善于面对面表达的大学生在微媒体上可以勇敢地与父母交谈，这都是微媒体对大学生网络生活的影响。

（三）构建了大学生网络娱乐方式新平台

微媒体为大学生创建了新平台，丰富多样的娱乐活动吸引了众多大学生，大学生年轻、有想法、勇敢的特点也为娱乐活动注入新元素。由于大学生的课业负担相比于高中阶段较轻，而且上课时间不固定，所以大部分时间被业余活动填满。一方面，微媒体自带的文章阅读、小程序游戏、实时语音聊天、网络购物、线上支付等功能满足了大学生各方面的需求。微媒体丰富了大学生的网络娱乐方式，过去网上购物必须通过网站实施，现在只要打开微媒体界面就可以轻松下单，等待货物邮寄到家即可。微媒体的线上支付功能和线下支付功能逐渐完善，大学生出门可以不带现金和银行卡，用微信就可以支付，而且支持该功能的线下门店逐渐增多，几乎大街小巷都可以使用。大学生利用微媒体可以购买火车票甚至可以帮家人、朋友一同购买，还可以接收到最新的音乐分享和影视资源。大学生的娱乐方式不再仅限于聚餐、体育活动。另一方面，微媒体具有极强的原创性和草根性，使用群体不需要烦琐的步骤就可以展示自己，还可以参加多种多样的娱乐活动。明星人物、作家、科学家、运动员的加入让大学生更有勇气展现自己，新的传播工具造就了无数平凡的人，让更多默默无闻的英雄、有才华的歌者被大众熟知，越来越多沉默的人在微媒体上找到展示自己的舞台。

三、大学生网络素养形成过程

大学生网络素养形成规律符合个体的心理过程形成规律，一般心理过程是由认识、情感、意志形成的整体，而内部心理活动又决定行为的产生。从心理和行为规律角度出发，大学生网络素养的形成过程是获得实践体验、适应、反复和强制的过程。个体生活在世界，最先感知和了解世界中所呈现事物之间的事实关系，然后梳理主体与事物的关系，再对实践环境中出现的人物、事物关系和价值关系进行判断、选择，最后将其应用于实践活动中。网络活动的产生过程符合上述实践活动的产生过程，是“知、情、意、行”整体协调发展的过程，从认知到情感，再从情感到意志，最后到行为，是密不可分的统一体。

（一）大学生网络认知

网络认知既包括大学生网络知识储备，又包括大学生通过网络体验探究而产生的对网络环境中事实关系的认知能力。例如，对网络本质的认知，对网络技术的掌握，对自我的认知，对网络与学习、生活、发展等联系的认知，对网络虚拟世界与现实世界问题的认知，对他人与自我关系的认知，等等。网络认知体现网络素养形成过程的层次性特征，静态层面客观反映事实性认知，动态层面主观反映关系性认知。总结而言，网络认知过程是大学生掌握的关于网络本身以及网络的知识、态度、应用、作用与自身关系等方面认识与经验的总和。网络认知是网络素养形成的基础，形成和发展大学生网络活动行为，既影响大学生感知网络情感，又影响其对网络活动的判断。大学生掌握网络基本知识，形成正确看待网络本质的观点，养成科学对待网络的行为习惯，在反复操作的过程中，不断加深对网络本质认识的理解，认识的多元化为网络实践活动提供丰富经验。比如在微媒体中，大学生根据自己的喜好选择浏览的信息和关注的人，形成自己的组织并不断丰富组织内容，体验网络文化，构建属于自己的文化，而这种文化也在潜移默化地对大学生的生活产生影响，并且能够塑造大学生。

价值观是影响大学生网络认知的关键因素。大学生在高校中一直接受正确的价值观教育，所以大学生有能力拒绝网络中的负面信息。正确的价值观引导大学生形成正确的网络认知，将有价值的信息作用于自己本身，从而提高学习和生活质量。价值观是大学生在网络使用过程中通过对其意义的建构与思考而产生的，对价值建构与认识的过程，也是大学生使用网络活动的意义建构过程。因此，大学生网络认知是对网络价值层面的认知，大学生发现使用网络的正面价值意义，将其运用到网络实践活动中，形成有质量、有意义的实践过程。

（二）大学生网络情感

网络情感是指大学生进行网络活动时随之产生的情感体验以及彰显的价值意义。网络情感体验结合自身的网络认知形成一定的价值意义，这种价值意义反作用于大学生网络认知，形成反复、连续的过程，从而起到调整、激励大学生的网络行为的作用。首先大学生要认识到网络素养的重要性，产生的意识和情感引领大学生投入行为实践中，能主观辨别网络行为、网络信息是否合法、是否安全、是否正确，再经过外部因素的刺激和影响，大学生的行为不断重复，从被动逐渐变为自动形成，最后具备良好的网络素养。认知心理学理论认为，人的情感和行为受他们对事件的认知影响，这种影响取决于人们自身构建的情境。也就是说，对情境的解释决定人们的感受和行为，而人们过去知识经验的积累对存在于情境中的真实事物的认知产生影响。

如果说价值观决定大学生的网络认知，那对于大学生网络情感而言，价值观产生的过程其实就是网络情感产生的过程。价值观本质上具有主体性，无论是在现实生活还是虚拟网络环境中，对大学生的具体行为都具有指导和引领作用。这一过程体现在网络活动中，例如：大学生在网络探讨中敢于发表自己的观点，敢于展现自己，并且虚心接受他人的观点和点评，对待分歧不偏激，不诋毁他人，对待一些恶意中伤的话语大都选择沉默避让而不是进行人身伤害；在分享资源方面尊重他人的劳动成果，转载优秀的艺术作品和著作会标明出处来源，以欣赏的心态与他人共享，对待涉及隐私的作品会征求原创者同意再进行转发引用。大学生具备分享理念的同时还懂得利用网络团结合作，新形势下要求大学生具有团结合作、共同发展的理念，而大学生也将合作共赢的价值观念真正应用到网络之中。大学生通过网络可以与他人进行线上互动，还可以与现实世界连线，在频繁地互动中就会形成善恶是非观念和一定的道德评价标准，从而内化为自身的道德评价标准，对待发生的事情有自己的想法，情感走向也被确立的价值观指引，最终完成网络行为活动。网络情感发生的这一过程是大学生对自己所做出的网络行为进行道德评价的基础，大学生只有学会对实际发生行为的对与错进行评判，从中吸取经验，并且敢于承担错误，才能养成责任感，清楚自己的社会使命，这些都是大学生网络情感产生的现实表征。

（三）大学生网络意志

网络意志是指大学生在网络世界生存发展需要的决策能力和判断能力以及自我调节的意志力，是将网络情感产生的现实表征内化的过程。大学生通过一定的意志努力主观地调整自身的网络行为，从而实现行为活动的预期目标。自我决定理论认为，个体在从事一项活动时，活动过程中的自主、胜任和关系需要的满足是内部动机的决定因素。网络意志可以传播扩散自己主观想要对外开放的信息，甚至可以控制网络信息走向。人们对于网络中的事件的看法和观点解释主要由意识控制，意志过程是不断巩固和发展内化的过程，大学生网络素养的形成也是“内化于心，外化于行”的过程，因此研究大学生网络素养的形成过程应关注网络意志的形成过程。大学生将网络认知、网络情感巩固、发展并内化，在不断积累网络信息的同时落实行动，对一些含有不确定因素的信息行为和不可控的行为靠自身的意志努力转化为确定的可控的网络行为。例如，大学生在实践活动中将自己积累的网络知识和拥有的网络技能得以应用，使生活、学习、工作质量提高，而实践活动也为大学生带来好处，通过实践加深大学生对知识内涵的领悟，使大学生体会到具备良好的网络素养的重要性，不仅会让生活更加幸福，而且还能改善社会风气。思想与行为相互作用，使大学生树立正确的网络价值观，并发展内化为长期稳定的行为模式，养成良好的网络行为习惯，以此为基础，形成具有创造性的网络素养。

网络认知、网络情感与网络意志相互依存、相互联系。一方面无论是在网络世界还是现实世界，依托于事实关系才会产生价值关系，价值关系又是实践关系形成的前提，网络认知产生网络情感，网络情感产生网络意志。另一方面，事实关系的发展以价值关系为引导，价值关系的发展以实践关系为引导，也就是说网络认知以网络情感为引导，网络情感以网络意志为引导；网络认知中分离出网络情感，而网络情感又反作用于网络认知，网络情感中又分离出网络意志，网络意志又作用于网络情感。因此网络认知、网络情感与网络意志相互渗透、相互作用、互为前提、共同发展。

（四）大学生网络行为

大学生的网络素养是通过网络行为得以形成和发展的。网络行为是指大学生在网络世界的实际操作行为和身处网络环境中由大学生主体形成的实践关系。虚拟的网络环境中存在各种各样新鲜又不重复的网络活动，大学生参与其中必须付诸实际行动，通过网络行为建立与网络世界的多元关系。网络行为包括进行网络活动前的需求分析、行为内容、行为活动过程和行为实现效果，例如网络关系生成能力的体现就是网络行为。大学生网络行为活动过程的质量不同，那么网络素养的实践路径和网络素养培育的效果也不同。大学生网络行为展现的是大学生与网络的实践关系，行为是行动的一种方式，大学生的网络行为发生是由相应的原因引起的，一般是受目的需求激励，产生明确的行为动机。大学生网络素养的形成过程，经过感性和理性的认知判断，在具体情感意志的指导下形成行为实践。这一过程伴随着法律法规、道德的约束，是强制完成的，不是随意的养成行为，因为有了约束才会让大学生形成正确的网络信息行为观念。与此同时，大学生利用自身正确的网络行为观念，首先建立身份认同，然后去逐渐调节自身和他人的信息需求动机，纠正不正确的行为，自觉遵守网络法律法规，经过反复的行为实践过程，形成良好的网络素养。

总而言之，网络认知、网络情感、网络意志、网络行为四个要素形成了大学生的网络素养，而这一形成过程也是促进大学生“知、情、意、行”协调发展的过程。在这个过程中，大学生通过正确认识自己的身份，借助网络世界建立新的事实关系与价值关系，从而形成大学生网络行为习惯。需要强调的是，大学生的网络素养形成过程并不是依靠主体自觉主动就能形成的过程，而是需要相应的引导。大学生身处微媒体盛行的网络环境中，社会各界应重视大学生网络素养与网络认知、网络情感、网络意志、网络行为的紧密联系，共同引导，使其逐渐内化，结合大学生的知识理论和价值观形成稳定的内在素质即大学生网络素养。

第四节 大学生网络素养培育对策

一、大学生网络素养培育的必要性

（一）增强大学生的公民意识

“互联网 +”时代的来临，赋予民众平等参与公共事务讨论的权利，使得这个时代成为广大民众团结协作的新时代。对此，习近平曾指出，老百姓上网，实际上也就是民意在上网，因此，广大党员干部需要积极学习，能够使用网络技术践行党的群众观点、群众路线，在网上了解群众的想法与需求。实际上，群众在哪里，领导干部就应当在哪里。习近平这一要求的提出，为广大民众自主进行意见表达提供了平台。而作为社会最为积极活跃的群体，大学生应利用网络积极参与公共事务讨论，表达自我对于社会发展的意见与看法。网络技术的快速发展，使得广大青年学生能够自主表达个人意见，与社会各界人士进行沟通交流，从而在思想自由、言论自由的过程中不断提升自我，而这也是大学生公民权利意识不断提升的重要表现。因此，“互联网 +”时代强化大学生网络素养教育，能够让广大青年学生在网络环境中正确行使言论自由权，从而为推进我国政治民主化进程提供有力支撑。

（二）提升大学生的自我教育能力

大学生网络素养的提升，对于大学生自我教育能力的提升具有重要作用。一方面，能够有效提高大学生的网络操作技能，从而使大学生在网络空间中尽情展现自我，而这也是大学生深刻认识自我的一个过程；另一方面，能够有效提高大学生的网络认知能力，使得广大青年学生对现实生活中的事物能够进行有效认知，减轻周围负面信息给他们带来的消极影响。实际上，“互联网 +”时代的广大青年学生唯有具备较高的网络素养，才能自动屏蔽诸多不良信息，对网络信息进行合理运用。当然，强化大学生的网络素养教育，有助于其网络道德素养的有效提升，从而在网络虚拟世界中坚守道德，正确面对别人的评价，与网民文明、健康地开展交流，使得大学生正确认识自身的社会价值。因此，通过网络素养教育，有助于广大青年学生在运用网络技术的同时主动遵守相关规定，对自我言行加以规范，并在网络交流过程中发现自我的优缺点，全面认知自我，从而在正确评价自我的过程中强化自我教育、不断提升自我。

（三）促进大学生综合素质的全面提高

自 20 世纪 80 年代中后期以来，素质教育是我国对于“培养什么样的人，怎样培养人”这一问题做出的符合国情的科学回答。多年以来，素质教育的持续开展旨在促进广大学生基本素质的全面提高，为我国的社会主义现代化事业提供优秀的建设者和接班人。

二、微媒体环境下大学生网络素养培育对策

（一）加强政府投入和监管

1. 构建网络素养培育体系

首先，在财政层面，国家和政府应针对大学生网络素养的培育启动专款专项资金，制定政策鼓励、允许社会和高校建立网络素养培育组织，组织可以面向大学生甚至全体社会成员开放，宣传微媒体知识、网络素养知识，提升网络素养在民众心中的地位，政府资金上的支持还可以吸引社会各界的学者、团队

和非营利组织参与其中，从而推动大学生网络素养培育工作的开展。

其次，在政策层面，政府可以成立网络素养专职部门，部门能制定合法的网络素养培育政策，并且监督培育工作是否落到实处；鼓励成立网络素养研究委员会，对大学生网络素养现状进行实时跟进调查，增加与其他国家在网络素养方面的交流次数，丰富我国网络素养的理论研究；制定微媒体时代下大学生网络素养培育的实施政策，对高校是否开展培育工作以及培育工作效果如何制定评价标准，从制度上防止大学生网络素养培育形式主义化。

最后，在体制层面，各级政府部门特指教育部应将网络素养培育和微媒介的使用加入高校教学内容中。政府对该项决策有充分的调研并做好实践规划，对产生的影响和会发生的问题做好预估。教育部需要在政府的指挥下，确定网络素养培育、微媒体指导相关课程的标准和教学形式，与大学生现有的课程融合，并长期开展该项课程，使其成为大学生的必修课。课程开设初期可以与全国范围内的重点科研项目结合，这样起到宣传的效果，会吸引更多社会人士和学者加入网络素养相关课程建设。政府和教育部应将网络素养培育课程加入教育体制中，因为微媒体盛行，微媒体的功能也越来越多，大学生网络素养的培育不应一直落后于微媒体的发展，大学生不能做微媒体的跟随者而应是主导者。

2. 健全相关网络法律法规

无制度则无国家，尽管由微媒体构建的世界同网络世界一样是虚拟的，但是微媒体的使用者和受众者都是人类，人类共同参与才使其正常运行，因此对微媒体平台，仍然需要建立健全相关网络法律法规和道德规范。通过制度、规范约束信息创造者和信息接收者的行为和语言，从而创造出井然有序的网络环境，使大学生在微媒体环境下提高自己的网络素养。

首先，在法律法规方面，大学生使用微媒体多是进行沟通交流、查阅新闻，他们更倾向于把微媒体视为发表观点的载体，所以制定法律法规时应该在尊重大学生以及网民自由交流和各抒己见的权利的同时，对大学生及网民的义务进行规定。现在，微媒体平台中存在许多违反法令、破坏纲纪的行为，利用微媒体售卖假货、剽窃他人原创文学作品等事件频繁发生，破坏微媒体环境的同时对社会稳定发展造成一定影响。作为一个全民开放的网络媒介，必然会有一些心怀鬼胎的人破坏秩序，扰乱氛围，这就需要政府介入，遏制此类现象发生，净化微媒体网络环境，确保微媒体健康发展。政府必须建立健全相关的网络法律法规，让执行有法可依，在依法治国的大环境下坚持依法治网。

其次，在道德规范方面，建立网络道德规范对培育大学生网络素养有重要作用。不能仅限于宣传网络道德规范，要用真实案例教育引导大学生，因为大学生缺乏社会经验，对于真实案件及其产生的后果有警惕意识。同样还可以在微媒体平台上设立网络道德规范专题，与名人效应结合，制造热门话题，这样大学生会有极高的关注度，从而提升大学生的网络素养。只有建立健全相关网络法律法规和道德规范，政府依法治网和以德整网相结合，将治理落到实处，微媒体环境才会更有规范性。

3. 采取必要的技术手段遏制有害信息

当前，抵御淫秽、谣言等有害信息文化的渗透成为迫切需要解决的问题。政府在解决这一现状问题时除提供财力、政策上的支持外，应采取必要的技术手段遏制有害信息，将政策与技术结合，为保证大学生在微媒体环境中不迷失提供双重保险。

首先，基于微媒体搜索功能的有害信息的主动监测，提升对有害信息的拦截能力。大学生在使用搜索功能时，对不适宜大学生观看、了解的信息进行限制，实现有害信息监控及预警功能。现在国家政府对这项技术已经开始实施应用，当搜索有害信息关键词时，微媒体会自动提示查看者“根据相关法律法规不能查看该信息”，但是仍有一些传播者会采用形近字或形近词的方式继续扩散有害信息，所以应提升网络拦截的能力，按年龄对微媒体使用者进行分级，根据年龄层级确定接收什么样的网络信息最为合适，与有害信息相关的形近词、形近字都应被限制。

其次，以网络内容过滤为主的被动防御，加大对网络过滤技术的应用力度。例如，应用提升名单过滤技术、图像过滤技术，过滤微媒体平台上的垃圾信息，24 小时全方位监控网络，对网络安全态势感知要及时敏感，增强网络安全防御能力和威慑能力，降低大学生以及全社会的网络使用风险，净化网络环境。为了逃避过滤，一些不法分子会故意将文字换成图片，或者对敏感词汇变形再发布，这就需要借助网络技术才能解决此类现象。此外，为了保证大学生的隐私问题不被泄露，减少侵害，应研制加密功能，或是将数字化认证与使用者提供的注册信息相连，防止篡改盗用个人信息的情况发生。利用技术手段遏制有害信息可以提高大学生对网络、社会和他人的信任程度。

4. 引导微产品健康生产、经营和管理

习近平指出，网络空间是亿万民众共同的精神家园。网络空间天朗气清、生态良好，符合人民利益。网络空间乌烟瘴气、生态恶化，不符合人民利益。对网络空间的治理、网络内容的建设都必须坚持以人为中心的发展思想，而微媒体的建设也应如此。无论是政府指导者还是微媒体工作者都应认清自己的职责所在，要引导、培育积极健康、有正能量的网络文化，以正确的价值坐标引导微媒体产品的生产、经营和管理。由微媒体衍生的产品同样受到大学生的追捧，因此产品的价值走向影响大学生价值观的树立、网络素养的形成。

微媒体具有宣传社会主流价值观和传播企业的身份，这种双重身份决定了微媒体履行社会责任的同时还要保证自身在经济市场中的地位，因此微媒体具有社会效益和经济效益，微媒体在发展中要处理好两者的关系。微媒体生产的产品具有商品属性，可以满足人民的消费需求，它带来的经济效益可以用于维持媒介的发展运营，而社会效益是将微媒体本身视为公众产品，公众产品必须履行自身的社会义务，为公众提供健康优质的文化，公众产品内容要符合社会主义核心价值观，从而滋润人心、滋润社会。微媒体产品的生产、经营和管理都应在保证社会效益的前提下再追求经济效益。具体实施时应注意以下几点。第一，应严格把关产品生产、经营、管理三个环节的负责人的资质审核，要向工作人员强调自身应承担的社会责任，提高其自觉性、规范性。管理者具备较高的职业素养可以减轻微媒体监督管理工作的难度。第二，对生产、经营、管理环节严格监督，24 小时全方位感知网络安全动态，增强网络安全防御能力和威慑能力，对环节中出现的违背职业道德的行为必须进行处罚，同时鼓励负责部门开展具有教育意义的活动，为大学生打造一个风清气正的微媒体空间。

（二）加强微媒体运营商道德自律

1. 完善微媒体行业从业人员的从业守则

首先，丰富微媒体从业守则内容。新形势下，丰富微媒体从业守则内容最重要的是增强微媒体工作者的专业性，包括三个方面，即不断质疑的精神、客观公正的态度以及平和淡定的心态。现在网络新闻各种题材五花八门，因此从业者应具有质疑精神，这是最重要的专业精神。从业者应遵守职业道德，要对自己发布的新闻消息负责，不能一味地追求利益，忽视信息的公正，只有保持客观公正的态度才能确保赢得群众信任。微媒体从业者更喜欢公众关注度高、传播速度快的信息，导致很多工作者当拿到资源时表现的不够淡定，冲动地去跟资源，最后只是调查表面现象而忽略了其背后隐藏的事实，导致舆论成灾，难以收场。平和淡定的心态是微媒体从业者成熟的标志。微媒体从业者只有提高专业水平，行业才能长久生存。

其次，完善微媒体监管机制。如今，微媒体作为社交平台成为分享信息最快、内容最广的平台，因此拥有了控制信息流动的权利。为大学生提供生态良好的网络空间，就需要消除各方面消息带来的危害，解决办法就是监督控制微媒体对信息流动的权利，完善微媒体监管机制。作为接收者，广大网民的监督是及时的并且监督来源广，可是现实是这种监督机制是最不完善的。应坚持他人监管与自身监管结合，在微媒体内部设立监管机构，安排专职人员全方位地监管微媒体平台，为大学生提供一个安全、稳定、繁荣的网络空间。

2. 提升从业者的网络素养和社会责任意识

时代格局改变、媒体形式改变，微媒体作为影响力最大的媒介，影响大学生的网络素养培育工作，所以微媒体应该由具有社会责任意识的从业者坚守。提升微媒体从业者的网络素养，加强社会责任意识，才能正确引导社会舆论方向。但是从现实来看，部分从业者在新技术冲击下心理状态发生变化，甚至一些从业者彻底丧失了职业道德。其实微媒体从业者都是具有高学历并且有理想、有追求的人，很少存在微媒体从业者故意制造虚假新闻的现象，只是在生活中由于大环境的改变出现角色错位、不负责任的情况。所以要提升微媒体工作者的网络素养，使其树立正确的价值观，培育良好的职业道德，坚守住自己的岗位。具体提升途径有：微媒体从业者要按照国家要求深入学习有关网络的各项法律法规，将自己的宣传工作与人民利益紧紧相连；微媒体从业者要有自己的传播准则，保证从自己手中发布的消息是符合国家政策的、是考虑社会与民众利益的，本着为人民服务的思想，认真负责地对待每一条信息；微媒体从业者还应努力提升自己的文化水平、艺术鉴赏水平，参加专业培训和德育教育活动；微媒体从业者不应只有过硬的技术还必须要有高素质，从而在大学生网络素养培育过程中为大学生树立榜样。

3. 承担起进行网络素养宣传和推广的责任

微媒体产生信息，微媒体工作人员控制信息产生过程，所以在大学生网络素养培育研究方面，微媒体相比于高校和政府更有话语权。在大学生网络素养培育中，大学生利用微媒体学习，而微媒体也反作用于大学生，是大学生网络素养培育工作的实施策划者，具有对网络素养宣传和推广的责任。

从现实中可以发现，微媒体在这方面做得还不够，应该采取以下措施来努力宣传和推广大学生网络素养知识。第一，以微媒体为主办方，与高校合作举办网络素养讲座，以真正让学生吸收知识为目的，并且利用微博效应请一些知名人士参与到主题讲座中，起到宣传效果。第二，微博、微信作为规模最大的微媒体，可以提供资源和场地。通过举办体验活动，大学生亲临传媒制作现场，现场体验信息的选择和编辑过程，既能够提高大学生的辨别能力，又能提高微媒体在大学生心中的地位，从而带来经济效益。第三，在微媒体平台进行推广，与意见领袖或团队联合推广网络素养知识，可以以制作微视频的形式重新唤起大学生的网络素养意识，因为微视频简洁明了并且也是大学生日常喜欢运用的媒介之一。第四，为了增强推广的真实性，可以设立网络素养宣传周，在微媒体平台主界面中连续一周集中进行宣传，让网络素养培育知识真正内化于大学生心中。

（三）加强大学生微媒体网络素养教育

1. 建立大学生网络素养教育课程

由于大学生在校园的时间是最长的，所以高校是进行大学生网络信息素养培育最重要的地方。再者高等教育的根本任务是培养人，而培养人的核心就是促进人的全面发展。当前国内很多高校已经开设了网络素养相关课程，但是并没有形成一套完整的、自有的教育体系。

笔者认为，除了将网络素养课程单纯地纳入教学外，重中之重是应该成立符合国情、符合地域特色的网络素养培育课程体系。建立体系我们应该做到，首先因地制宜。在经济较发达的地区可以直接制订课程计划或者直接开设大学生网络素养培育相关的公共课；在经济欠发达的地区，要慢慢地将网络素养相关内容融入其他课程之中，或是先开设选修课、举办讲座等，通过宣传、引导让大学生对网络素养的内容保持敏感。其次建立内容体系。大学生网络素养培育体系应具有时代性，除了培养基本能力外，还要关注新兴媒体，掌握微媒体发展状况、微媒体社交原理、微媒体新功能等，再将理论与道德、法律规范融合，让大学生清楚作为接收者怎样能避免被不良信息侵害，培养大学生正确处理网络信息的能力。最后编写教材，让培育工作有秩序地开展。高校教育者、学术界应尽快编写大学生网络素养培育的通用教材，因为网络素养培育针对的是全体大学生，是大众化教育。目前我国相关著作较少并且不具时代性，而教学素材更是少之又少。高校工作者、相关专家应从大学生角度出发制定教材内容。我国的网络素养研究本身起步晚，所以必须加快制定符合我国国情的网络素养培育教材的脚步。

2. 组建大学生网络素养教育的师资队伍

高校工作者是网络素养培育中的主要实施者，在大学生的日常生活中又扮演着教师和朋友的双重身份，是大学生成长过程中必不可少的角色。因此，无论世界怎么变，科技如何发展，大学生永远离不开教师的指导。当然现在很多高校教师网络素养水平不高，微媒体的使用水平和辨别信息能力不高，在微媒体环境下打造大学生网络素养培育师资队伍变得尤为重要。

首先，教师转换身份参与到培育实践中。网络素养培育的相关课程可由传播学、语言类的教师担任，因为专业教师有多年实践经验，对理论知识更易吸收。另外，开设网络素养培育讲座，教师与学生共同参加活动，双方共同交流探讨，有助于拓宽知识面。其次，鼓励其他专业教师担任网络素养课程讲师。参加完讲座以后，教师应该有自学意识，将所学知识运用到教学之中，还可以借助微媒体与学生进行线上沟通，互相学习。长此以往，就可以担任网络素养相关课程的任课教师。最后对专业出身的教师和非专业出身的教师设置不同的课程标准，要给非专业教师上升进步的空间。只有师资队伍网络素养的水平得到提高，才能保证大学生网络素养培育的有序进行。

3. 发挥校园微媒介和实践活动的辅助作用

微媒体是高校重要的思想宣传和舆论阵地，在招生、就业、咨询等各个领域发挥了实用功能，两者关系密切。据统计，截止到 2015 年 6 月，已有 110 所 211 高校开通校园官方微博，985 和 211 院校的用户基本全面覆盖，全国校园社团认证用户达 3 万个。由此可见，现在部分高校已经开始重视微媒体。

要充分发挥校园微媒介资源和实践活动的作用应该做到：

第一，利用已有校园媒介进行宣传。广播站、校报院报、官网等媒介资源是传统校园媒介，由于存在时间长，有校园文化特色，大学生使用频率也很高，利用其宣传网络素养和微媒体知识，可以营造良好的网络素养培育氛围。

第二，社团活动作为学生的第二课堂，是以大学生为主体实施者参与的学生活动，大学生在社团里倾尽自己的汗水，展示自己的特长，结交志同道合的朋友。社团活动是大学生心中的情怀圣地，具有较强的号召力，因此，让学生自发组织开展与微媒体、网络素养相关的实践活动更具有实用性，如主题辩论赛等，既培养了大学生的组织能力，又让大学生更深入地接触微媒体。

第三，高校在建立官方微博和公众账号的同时，还应鼓励网络素养培育教师、传播学教师、思想政治教育教师开设微博和微信号，让大学生给予关注，教师可以通过微平台发表以网络素养培育为主题的话题。在微平台上，大学生与教师拉近了距离，更容易引导大学生正确合理地看待微媒体，通过制造话题教会大学生辨别网络信息，用沟通交流、互评的方式帮助大学生正确理解微媒体对自身影响的双面性，引导大学生成为高素质网民的代表。

（四）加强大学生在微媒体环境下的自律意识

1. 学习微媒体相关知识

微媒体环境下大学生网络素养培育需要在政府、高校、微媒体自身指导教育的基础上，最大限度地发挥大学生的主观能动性。

首先，掌握知识，发展技能。新形势下想要提高网络素养水平，必须掌握微媒体理论知识并且培养基本的微媒体技能。大学生对新生事物要有极高的敏锐度，愿意接收新信息，将掌握的微媒体相关知识应用于技能之中，在实践中再次总结经验，最后内化形成自身的认知。只有将理论知识应用到网络实际活动，才算真正掌握，而实践可以让大学生对微媒体传播过程印象深刻，在未来面对网络突发事件时具备应对能力。

其次，利用微媒体发展自己。使用微媒体是大学生生活的常态，但是大学生是否在日复一日的使用中得到了什么呢？大学生网络素养培育是为了使大学生在微媒体环境中生存，获得新体验。所以大学生要学会利用微媒体发展自己。微媒体功能日趋完善并且形式多样，有的学生能够较好地利用微媒体，可以在平台上展示自己的才能，会摄影的可以与他人分享摄影技巧、会创作的可以连载作品与网友分享……这都是成功利用微媒体发展自己的实例。通过查看新鲜事获得最新时政新闻、利用公众账号进行在线学习，在发展中形成正确的价值观，从而提高网络素养水平。

2. 树立传播行为的责任意识

微媒体的出现，让国内数亿网民拥有了独立自主且相对自由的发声渠道，现在很多一手新闻、社会热点话题都是来自普通网民群体，任何人都能成为传播者。大学生作为主力军，在这种形势下，必须认识到自由发声的同时也要对自己的行为负责。

首先，大学生需要自觉遵守网络道德规范，敢于对自己的微媒体行为负责。微媒体世界是现实生活中的人构成的虚拟空间，主体仍然是人。大学生身处其中，要清楚自己想要得到什么，在获取的过程中哪些行为可取哪些不可取，且应遵守网络社交规范，不应该因为不能面对面交流而随心所欲地发言甚至进行人身攻击。现在网络道德绑架现象频发，就是因为网民不具有微媒体传播行为责任意识。大学生作为高知识水平人群，要时刻反省自己的网络行为，拒绝不确定、具有攻击性色彩的信息，加强自律意识。每个人都应具有自律意识，自觉提升思想道德素质水平，进而形成正确的网络认知。

其次，大学生应主动学习网络法律知识，树立法律责任意识。大学生具备网络法律基础是保证微媒体环境下形成责任意识的必要条件。将法律知识内化为网络法律素养，在发表自己的观点或是创造新信息时受到自身法律素养的约束，从而能够保证发表恰当的观点，提高大学生的影响力。如今除了国家颁布的网络法律法规外，也有针对微媒体本身推出的规定，如北京市 2011 年 12 月推出的《北京市微博客发展管理若干规定》。因此大学生必须提高网络法律素养，积极拥护社会主义制度，维护祖国利益，不随意侵害无辜者的合法权益，不做违背道德之事，积极宣传政府部门发布的真实消息，做合格的年轻网民。

3. 选择优质的微媒体朋友圈

中国意见领袖由过去时政类向娱乐化演变，从过去以交流互动为主变成现在以商业营销为主，微媒体平台具有很强的草根性，塑造了许多平民英雄，很多普通人通过微平台寻找到自己的生活价值。大学生喜爱微媒体的一个重要原因是可以随时关注自己偶像、榜样的生活动态，当他们关注一个人时，两三天就会上瘾。此外，微媒体朋友圈可以体现个人品位，大学生的思想和行为受朋友圈出现的信息牵制，因此选择优质的意见领袖和微媒体朋友圈对大学生的成长尤为重要。大学生在选择意见领袖或头部用户时应认真思考，选择跟随那些知识面广、责任感强、具有正能量的用户，与此同时要做到以下几点。第一，远离消极人群。避免自己被负能量包围，看到消极、诋毁他人的朋友圈要敢于屏蔽删除。第二，拒绝网络道德绑架。对于那些总是强制别人做事情的个体，要敢于拒绝，而不是采取不理会的态度放任不管，放任他人的恶劣行为就会增加自己的危险程度。第三，举报非法经营。大学生缺乏社会经验，对于商品的判断力还不够成熟，真假判断力不足，容易上当受骗损失钱财，因此对于微媒体中出现的假货、三无产品要及时举报，及时取缔。大学生在使用微媒体时面对自己无法掌控的事情，要懂得用法律武器保护自己。例如近几年频发的校园网贷事件，很多大学生借贷后，不敢告诉家长、教师和同学，选择独自承担，最后债务无法偿还被人起诉，不仅给自己带来灾难，为家庭也带来不必要的损失。大学生有自主选择意见领袖和微媒体朋友圈的权利，通常是由一些年龄相仿、兴趣相投的同龄人组成的群体，在微平台上交流有共同语言，并且容易相信自己的朋友圈，无论是在学习上、生活上都可以利用朋友圈解答困惑、分担痛苦。意见领袖和朋友圈传递的价值观影响大学生的思想，身处于向上向善的微媒体环境之中，能够帮助大学生发挥特长、改掉陋习，为大学生网络素养的培育提供环境基础，从而有助于大学生成长成才。

第二章 大学生网络素养缺失下的网络沉迷行为

本章主要讲述大学生网络素养缺失下的网络沉迷行为，分别从沉迷网恋、网络游戏成瘾、沉迷色情信息三个方面进行论述，并对网络沉迷行为的成因及危害进行了阐述。

第一节 大学生网络素养缺失下的沉迷网恋行为

一、网恋的类型

大学阶段对一个人的成长发展来说是一个特殊的时期，这一时期的学生在经历了高考后，身心处于极度放松的状态。由于智能手机的普及，网络交往功能的迅速发展，很多学生开始沉迷网恋。网恋的类型主要有自我表现型、追求时尚型、随波逐流型、精神空虚型、游戏欺骗型、生活现实型等。

（一）自我表现型

网恋中的男女双方都是通过网络聊天相识、交友并发展成为网恋者的。通常情况下，网恋者在网上交流的初期，都使用虚假的名字或代号进行沟通和交流，即使使用了真实姓名，也可能被对方认为是假的。因此，在网恋（交友）初期，网恋者为了博得对方的好感，往往会尽情地进行自我张扬和炫耀，使网上的“自我”能够得到充分的表现，以使对方对自己能够倍加赏识，进而发展成为网恋。自我表现型的大学生网恋者，在网上往往具有“超越自我”的非凡表现，但是一旦回到现实生活中，就会具有较大的失落感，有时甚至对现实生活丧失信心和勇气。

（二）追求时尚型

网络不仅给人们的生活带来了无穷的乐趣，更是给人们的生活方式带来了重大变革，上网已经成为当今人类生活中不可或缺的重要组成部分，网恋也成为当今恋爱的一种时尚。目前，许多大学生认为，传统的恋爱方式比较“俗”，很容易给对方造成尴尬的感觉，而网恋才具有时代感，是信息时代和网络时代的知识青年的特质，只有通过网恋，才能够体现出当代大学生的“素质”。大学生渴望追求时尚的心理普遍存在，因此为了追求时尚而盲目地在网络上谈恋爱大有人在。这种“时尚”不仅是当今人们的一种生活习惯，更是一些人所追求的目标，网恋为大学生提供了追求这种时尚的机会。

（三）随波逐流型

随波逐流型网恋是指部分大学生缺乏自己的主见，当看到同学（室友）网上聊天、网络恋爱进行得有声有色，给生活或学习带来快乐时，也想亲身体验网络交友、网络恋爱的“滋味”，寻求心理上的“刺激”和平衡。这种类型的大学生虽然为数不多，但是具有一定的代表性，大学生产生这种类型的网恋是受周围环境的影响。

（四）精神空虚型

我国一些大学生的精神生活比较空虚，校园的业余文化生活比较匮乏，用上网交友聊天或网恋的方式打发业余时间，寻找精神寄托，目前已经成为一些大学生的惯用做法。所谓精神空虚型网恋，又被称为以“柏氏爱情理论”为基础的柏拉图式的精神恋爱，这种类型的网恋主要是以精神恋爱为主，不受恋爱双方时间、空间、年龄、社会地位、恋爱身份、身体状况及社会舆论的影响，网恋过程中所寻求的是恋爱双方心灵上的沟通和精神上的慰藉，弥补精神生活的空虚。精神空虚型网恋的最大特点是只限于恋爱双方之间网上恋爱，并没有实质性的接触，也不需要任何的外在物质条件作支撑，只是网恋双方内心深处真挚感情的自然流露。但是在现实生活中，随着时间的推移和网恋双方情感的发展，这种精神空虚型网恋的平衡模式就会被打破，进而向实质性网恋发展。

（五）游戏欺骗型

游戏欺骗型网恋主要是指大学生网恋中的一方或双方，将网恋作为一种网络游戏，对网恋的真实感觉进行体验，网恋者既不准备通过网络去真心地爱上某一个人，也不准备在网上对自己的言行负责，更不会对网络中的恋人负任何责任，整个网恋过程就是一场游戏，甚至是欺骗。因为网恋的双方都非常清楚，网恋是一把双刃剑，每时每刻都会被这把剑所伤害，这种类型的网恋者在恋爱的过程中都比较洒脱，也比较自由，更不会陷入网恋而不能自拔。

（六）生活现实型

生活现实型网恋是目前大学生网恋的一种主要方式，持这种恋爱态度的大学生认为，网络具有比较广泛的影响力，能够突破各种限制而进行广泛的交流与沟通，而且具有传播速度快的特点。通过网恋的方式，具有广泛的选择性，可以寻找自己的终身伴侣。因此，这类网恋者很虔诚、很认真、很现实地将网恋作为选择伴侣的一种重要手段，并通过网络交友、聊天等方式主动向对方提出自己的条件和要求，坦诚地告知对方自己的真实情况，并且会主动要求对方见面约谈，从网恋走入现实。但是，由于网络的虚幻性、虚假性和美化功能的存在，许多生活现实型的网恋者过度宣扬自己，在网上侃侃而谈，与现实生活中的差距较大，会使许多网恋者在见面的过程中感到不尽人意，有比较大的失落感，使网恋双方乘兴而来、败兴而归。

二、网恋的特点

大学生是一个特殊的社会群体，受校规校纪、行为道德规范以及社会环境等因素的影响，还受自身条件的限制，大学生的接触面比较窄，许多大学生热衷于网恋。据笔者调查分析，目前大学生的网恋呈现出以下特点。

（一）匿名性

目前大学生之所以热衷于网恋，其中最主要的原因是网恋的匿名性。任何一位网民都可以通过匿名的方式同对方建立网上恋爱关系，并可以肆无忌惮地向对方表白倾诉自己的心声和爱慕之情，不会出现由真实姓名和真实身份所带来的尴尬和不愉快局面，因此受到了许多知识青年，尤其是大学生的追捧，并将其视为赶时髦和在同学、朋友面前炫耀的资本，这也是目前大学生网恋现象越来越多的主要因素。

（二）开放性

在现实生活中，大学生受学习、生活以及交友范围的限制，接触面相对比较狭窄。但是，互联网为大学生的交友提供了广泛的空间，全球的适龄网民都可能成为大学生网恋的选择对象，并且随着大学生恋爱观念的转变，恋爱观念愈加开放。大学生不仅主动将自己网恋的秘密公之于众，更是在大庭广众之下携网恋的对象四处游玩，以示炫耀，也在网络上与同学或朋友商讨、评论网恋过程中的得与失，进行交流和切磋，共同探讨网恋中赢得对方芳心的奇招妙计，以增加网恋成功的机会。

（三）情感至上性

大学生的成长始终处于单纯的象牙塔之内，对现实生活和各种行为所产生的后果缺乏考虑，常常将情感放在首位，强烈的思想情感会压倒一切，一旦陷入网恋之中便不能自拔，并影响到正常的学习和生活。

有些大学生对网恋如痴如醉、整天沉寂在甜言蜜语之中，并且想入非非。有些大学生利用一切可以利用的时间，加班加点上网——将网恋进行到底，将全部精力都倾注到网恋之中，导致在上课过程中无精打采，影响了学习成绩和思想进步。许多大学生涉世较浅，对现实社会理解不透，通常将网恋看作纯粹唯美、至高无上的恋情，因此网恋已被许多大学生所接受，并具有不断蔓延之趋势。

（四）轻率性

轻率性是目前大学生网恋中的主要特点之一，许多大学生由于几乎没有社会阅历，对情感之事理解不透，因此对于网恋显得比较轻率，通常的表现是“一网”情深，通过一两次的网上聊天，就急于见面并有相见恨晚的感觉，很轻率地就与网友确定恋爱关系。从网上相识到网上热恋、从网上聊天到电话约会、从网上热聊建立“虚拟”家庭到网下见面同居，所有这一切都是在极短的时间之内发生的。一些大学生对建立正确的恋爱观，对建立婚姻家庭不以为然，有时甚至将其当成儿戏，具有名副其实的轻率性特征。

（五）速成性

大学生网恋的速成性是指大学生通过网络传播速度快、影响面广、网络交流内容丰富等特点，能够在较短的时间内建立联系并确定恋爱关系。当代大学生敢爱敢恨，加之网恋中没有面谈时被拒绝的尴尬场面，因而在网恋中就肆无忌惮地向对方表白自己的“忠心”和“诚意”，男生的甜言蜜语以及富有“诱惑力”的言辞，会使女生很快就被“俘虏”，进而互留联系方式，约定网上或网下见面时间并进一步确定两者之间的恋爱关系。

（六）虚幻性

网络作为现代知识和信息技术传播的工具，在为人类生活提供便利的同时，也构建了虚拟的网络世界，网恋的魅力和危害就在于网络的虚幻。大学生的想象力极其丰富，在相当一部分大学生的心目中，网恋是抽象的，也是虚拟的恋爱，因此，许多大学生利用网络的虚幻性，或多或少地戴着面具，以虚假形象构筑浪漫的网上恋情，将网恋作为“寻找乐趣”和“打发寂寞”的乐土，并将其控制在虚幻的情境之中，通过抽象的网恋寻找精神寄托。

三、网恋的原因

对大学生而言，产生网恋的原因是多种多样的，既有自身的原因，也有学校、家庭以及社会的原因，更有网络、法律和社会伦理道德的原因。

（一）自身原因

自身原因主要包括生理原因和心理原因两个方面。

第一，生理原因。大学生的年龄一般在 20 ～ 24 岁之间，正处于青春期的大学生身体发育已经成熟，性意识已经被唤醒，并萌发出恋爱意识。其最主要的特点是渴望与异性交往，尤其是男性大学生，这种意识更为强烈。

第二，心理原因。大学生正处于人生的转折时期，也是从未成年人向成年人过渡的关键时期，在这一阶段，大学生的心理看似成熟但并未完全成熟，强烈的求知欲和识别能力不强，情绪冲动和情感理智，强烈的性意识、性冲动和性道德以及正确处理与异性朋友之间的矛盾比较突出，因此很多大学生将网络当作化解矛盾和探索性知识的课堂，通过网恋进一步丰富自己的各种知识。

网络的虚拟性使得那些自卑且多愁善感的大学生在现实生活中交往的羞怯得到弥补，他们更容易陷入网恋。目前，大学生的精神生活比较空虚，许多大学生热衷于网恋，主要是为了寻找情感上的支持和精神寄托，更是为了增加生活中的浪漫色彩，在朋友和同学面前“炫酷”，甚至以网恋朋友的多少衡量自身的社交能力。在网上聊天时避免了面对面交谈时的许多尴尬，让人感到自由，并且可以随意发挥，谈天说地，以致很多陌生人在短时间内就由网聊进展到网恋阶段。一些大学生认为这样可以减少现实生活中的种种磕碰以及各种责任，如果双方厌倦彼此或者发生了争执矛盾，可以直接删除了断联系。调查显示，大学生感情遭受挫折或压力过大时，更容易发生网恋行为，许多大学生将网络作为情感宣泄和释放压力的工具，当现实生活中出现不如意时，就会在网络上进行宣泄或释放，一旦在网上遇到异性网友的关心和爱护，好像得到了温暖，就会全身心地投入并发生网恋行为。

（二）恋爱价值观的影响

爱情是从古至今不变的主题，恋爱又是大学生面临的重要人生课题，恋爱价值观的正确选择影响着大学生的幸福。恋爱价值观原因是引发大学生网恋的基本原因，网恋作为一种基于现代化手段的恋爱方式，与传统的面对面恋爱方式完全不一样，网络的特点是可以满足各种需要，即使是那些不怀好意上网恋爱的人，也能通过网恋获得满足。当然，那些怀着真实恋爱目的的人也能通过这个手段满足自己。网恋的流行有两个条件，一是主体具有恋爱或者与恋爱相关的某种想法（无论是真实的或者错误的），二是网络可以实现这些想法，即使是邪恶的想法。因此，揭示网恋的真实原因在于揭示大学生的恋爱观，以及网络的本质。

（三）学校、家庭及社会原因

高校原因是目前大学生产生网恋的一个重要原因。目前，我国高校学生的学习和生活比较轻松，校园活动较少，因此许多大学生则利用业余时间通过上网聊天的方式来消磨时间，久而久之便产生了网恋。家庭原因是目前网络已经进入普通家庭，而家长又疏于管理，让子女任意在网络上“翱翔”，造成子女通过网恋寻求心灵上的慰藉。社会原因是促成大学生网恋的一个重要因素，社会上的很多方面逐渐被商品化，大学生的择偶心理和择偶伦理观念也受到了影响，有的大学生认为结婚不一定要拥有爱情基础，也不一定要求年龄、职业、相貌等相匹配，重要的是要有金钱做基础，因此直接影响到了大学生的网恋观念。

（四）法律和伦理道德原因

目前，我国有关网络管理的法规体系尚不健全，严重滞后于网络的发展，缺乏对网络行为的有效约束和监管，并且受社会思潮和当今社会不良伦理道德因素的影响，大学生的网恋现象比较普遍，网恋中的伦理道德行为也颇为随意，不仅影响了正常的社会生活秩序，对大学生的身心健康也产生了不良影响。大学生的网恋也对传统的社会伦理道德产生了一定的冲击和影响。

四、大学生痴迷网恋的危害

（一）激发大学生恋爱的草率性

网络的虚幻性，在很大程度上造成了当代大学生恋爱的草率性，目前大学生正处于生理和身体发育的成熟期，也是人格的成长再造期，精神生活日渐丰富，使大学生产生了极强的好奇心理。对于喜欢自我炫耀并富有冒险精神的大学生而言，网络的诱惑是无法阻挡的，网络的神奇和诱惑使有些大学生深陷在网络世界中而不能自拔，在精神生活感到空虚的情况下，大学生便通过网恋的方式寻找精神寄托和情感上的支撑。大学生一旦在网络上找到自己的“意中人”，便不惜一切代价，疯狂地追求，非常草率地决定自己的恋爱和婚姻大事，这与网络打破时间与空间的限制具有直接的联系。

在网络交友过程中，任何人都可以对自己进行过度的包装和炫耀，以引起网友的注意和好感，进而发展成网络恋人。在现实恋爱中，有些大学生受性格的影响，谈了好多次恋爱都没有谈成，有时还会受到同学和室友的嘲笑或讽刺，认为恋爱不成功是“无能”的表现。在现实恋爱中受到挫折后，大学生便将目标转向现代化的信息高速公路——网络。大学生在网络中搜寻到自己的恋爱对象以后，不管对方所传递的信息真实程度如何，穷追不舍，非常草率地在短时间内确定恋爱关系，轻信对方的花言巧语，将真挚的情感投入其中，有时甚至投入钱财，等发现上当受骗则为时已晚，深陷其中而不能自拔。尤其是女性网恋者，网恋的草率性百害而无一利。

网恋能够给大学生带来精神上的快乐，弥补现实恋爱中的不足，提高恋爱的成功率，积累相应的知识和经验，但是网络的虚幻性通常会掩盖许多现实生活中的真实情况，并导致大学生恋爱的草率性，最终可能会导致恋爱的失败，对大学生的身心健康产生严重的不良影响。

（二）激发大学生恋爱的欺骗性

目前，网恋已经成为大学生恋爱方式的一种，是对现实恋爱的有效补充，但是由于网络的匿名性和虚假性，所有网恋者在恋爱的初始阶段使用的都是虚假信息，网恋者可以无拘无束地在网络上同时与多个网友谈恋爱，而不受任何形式的约束和限制，因此在网络恋爱以及进一步交往中，一些网恋者丧失了伦理道德，别有用心的人则利用网络资源的普及性和网络通信的便捷性，以表明真诚的思想感情和爱慕之心为面具，对网络恋人进行欺骗，甚至出现违法犯罪的行为。目前网络的普及程度越来越高，利用网络进行交友聊天并发生恋爱的行为也是多种多样的，抒发情感和倾诉爱慕之情的方式更是千奇百怪，令网恋者防不胜防。尽管当代大学生的智商相对较高，对许多事情都具有比较明显的辨别能力，但爱情具有一种特殊的吸引力，使许多学生在爱情面前束手无策，任人摆布和宰割。又因为当代大学生社会阅历相对较少，很容易在网恋过程中受到不法之徒的欺骗和伤害。

在现实生活中，网恋过程中的欺骗行为主要是一些不法之徒对涉世不深的大学生进行钱财诈骗和感情上的欺骗。当代大学生的心理比较脆弱，在许多方面都需要得到关心和帮助，在校期间，所能够得到的关心和爱护比较少，一旦在网络上遇到知心朋友的关心，尤其是在情绪低落时受到网友的呵护，便会以真实的情感予以回报，并发展成为网恋。但是网络的无约束性使其无法判断对方的真假和虚伪，因此许多大学生网恋者在无意之中掉进了不法之徒精心设计的“温柔陷阱”。不法之徒美其名曰进行网络交友和谈恋爱，其真实的目的是通过进一步的交往实施欺骗行为，以达到不可告人的罪恶目的。

（三）造成大学生正常两性接触的缺失

恋爱是男女双方的共同行为，现实生活中的恋爱，通过恋爱双方的不断接触，以达到相互了解、相互信任的目的，通过感情的进一步发展，最终结婚并成为夫妻。在整个恋爱过程中，最为关键的是恋爱双方的接触时间问题，恋爱双方只有通过频繁的接触，才能够真正了解对方的性格特点、生活习惯和爱好，判断双方是否具有共同语言等，并做出是否能够继续相处的最终决定。恋爱中的两性接触的机会比较多，了解也会比较透彻，可以大大提高恋爱的成功率，但是网络的虚幻性通常会掩盖许多现实生活中的真实情况，而且两性接触的机会比较少，最终可能会导致恋爱的失败，对大学生的身心健康产生严重的不良影响。

（四）使大学生偏离正确的恋爱价值观

网恋具有一定的虚伪性和幻想性，网恋者开始公开的信息以虚假居多，主要是为了炫耀自己，这对网恋者形成正确的恋爱价值观产生了一定的影响。大学生网恋，往往是“初始”的恋爱行为，而网恋的负面影响会对大学生恋爱价值观的形成起到一定的反作用，也会使当代大学生网恋者偏离正确的恋爱价值观，并对其健康成长产生不良影响，甚至会影响到大学生今后的恋爱以及婚姻问题。网恋双方可以互相隐瞒真实情况，而一些虚荣的人往往把自己的条件夸大，让对方误以为很优越，产生潜在心理暗示，对对方抱有幻想，长此以往，一旦到现实中夸大的一方就会产生强大的心理落差，发现网上如鱼得水，而网下却落寞无比，这就导致部分大学生的各种价值观、各种思想观念走向扭曲。一些大学生对待网恋表现出轻率的态度，“只在乎曾经拥有，不在乎天长地久”是部分大学生恋爱态度的体现，还有些大学生把恋爱描述为“浪漫的体验”，在恋爱中只重浪漫过程的享受，忽视恋爱中的责任和义务，重享受而不懂得付出，最终造成恋爱悲剧。

第二节　大学生网络素养缺失下的网络游戏成瘾行为

游戏是人生活的一部分，而对于大学生群体来说，网络游戏已经成为很多学生生活不可缺少的一部分。截至2018年12月，中国游戏成瘾人群已达27.5%，青少年比例高达30.5%。网络游戏包含角色扮演游戏、动作游戏、冒险游戏、策略游戏、格斗游戏、手机联网游戏、益智游戏等，在一定程度上，网络游戏可以满足各类人群的心理需求。沉迷于网络游戏时，现实生活的无助感、挫败感和失落感等不良情绪可以暂时搁置，因此，造成很多学生逃避现实生活，沉迷于网络游戏，不能自拔。

一、影响大学生网络游戏沉迷的因素

在网络游戏中，游戏玩家选择接触网络游戏的动机影响到玩何种网络游戏以及如何玩网络游戏等游戏行为，这些游戏行为决定了游戏带给个人的效果不同，这也就导致了网络游戏沉迷的程度的不同。影响游戏沉迷的因素主要有社会条件和个人需求两大方面。

（一）社会条件

1994年，我国实现互联网的接入，当时个人电脑还没有在普通家庭普及，网络游戏到21世纪初才开始在我国作为商业模式出现和推广。届时世界发达国家网络游戏的发展已经渐成规模，尤其是近邻韩国从20世纪90年代就将电子和文化产业作为龙头拉动经济腾飞，利用地缘优势，韩国的网络游戏在我国得到了广泛的传播。2002年韩国网络游戏《热血传奇》在我国一经引进就风靡广大玩家，同年盛大官方以此推出的《传奇》游戏达到了65万的在线人数，让人看到了我国网络游戏市场的巨大发展潜力。随着我国宽带技术等的发展，近十几年来，网络游戏的引进和研发进入了一个高峰期，在很大程度上达到了美国、日本、韩国等发达国家的水平。随着网民群体的壮大，在线游戏玩家的数量也迅速增长，而且，随着计算机教育的普及，网游玩家的主力逐渐向低龄化方向发展。

与此同时，我国社会正处于转型期，在经济高速发展的同时，也带来了价值观的多元化，不免造成很多人精神空虚，在网络游戏世界里打发时间。现在的人们生活压力很大，住房、就业、婚嫁等生存压力，来自工作、家庭关系、社交等方面的生活压力一起袭来，很多人不堪重负就把网络游戏当作缓解压力的工具，从而导致沉迷网络游戏的人也越来越多。

（二）个人需求

2014 年中国网络协会统计数据显示，网络游戏用户的主要游戏动机可以分为纯粹娱乐、交朋友、锻炼智力、消遣时间四大类。著名的游戏设计师 Bateman 和 Boon 通过收集 MUD 游戏玩家的数据将他们的网游动机分为获得成就、探索游戏、交往玩家、强迫他人四个方面，并据此将玩家分为成就型、探索型、社交型、杀手型四类。学者衣学勇等人根据马斯洛的需求层次理论将网络游戏的个人需求动机分为休闲动机、交往动机、成就与权力动机、自我实现动机。钟智锦教授在总结已有的研究的基础上将网游玩家的游戏动机分为社交型、成就型、沉浸型，并通过数据分析进行了研究。由此可见，网游玩家接触网游的动机大都跟获得一定程度的成就感，得到心理满足有关。

二、网络游戏动机对游戏行为的影响

笔者通过跟踪不同游戏动机的大学生，并对个别典型案例进行访谈，了解到不同动机下沉迷网络游戏的行为不同。带有“无聊打发时间”“逃避放松，缓解压力”等动机的玩家可以归为休闲型玩家，他们沉迷网络游戏带着放松心情，释放压力的目的。这类占比例较大的大学生通过沉迷网络游戏寻找“避难所”，但他们对网络游戏的依赖度和忠诚度不高，他们沉迷的程度与时间的空闲度、渴望逃避现实的程度成正相关，一旦现实中有需要必须完成的紧要事情或者他们发现了更加令他们沉浸其中的事情，很可能就暂时远离网络游戏。通过玩游戏进行社交或者享受游戏世界中的人际交往，这类游戏动机称为社交型动机。这类学生喜欢玩集体类的游戏，尤其以角色扮演类游戏为主，在游戏世界建立了庞大的社交体系，有的人还会将其带到现实世界中来，因此他们沉迷游戏的程度较高，但是根据访谈发现，这类学生在现实生活中性格往往较为孤僻和内向，很多甚至不能处理现实生活中的人际关系，转而逃避网络游戏。“在游戏世界寻找价值”“通过网游赚钱”，这类游戏动机称为成就型动机。这类学生往往会花费大量的时间专注于升级打怪，一旦沉迷一个游戏，就会投入相当多的时间和精力，获得相应较高的游戏等级，一旦达到较高的游戏地位之后，他们往往组建自己的游戏帝国，或者通过外挂等手段提高等级，售卖游戏装备赚钱。

这类学生对网络游戏的沉迷程度较高，他们看到网络世界中成功的概率比现实中高，在生活中往往自尊心较为强烈，希望赢得别人的尊重，有的人在现实生活中还缺乏自信，希望在网络世界证明自己。

三、大学生沉迷网络游戏的原因及社会影响

导致大学生沉迷网络游戏的原因主要是社会压力大，而网游成为释放压力的工具。在对沉迷网络游戏的大学生的调查中，大部分大学生将“暂时逃避放松，缓解现实中的压力”作为自己沉迷网游的主要原因，而在对大学生所受的压力类型的调查中，排名前三位的是就业压力、学习考试压力、婚恋压力。在大学生从象牙塔走向社会的过程中，原本拥有的理想和自信在与现实相遇的那一刻被打击得支离破碎，有一些大学生承受不住现实的打击，转而采取逃避的方式。网络游戏具有虚拟性，与现实保持一定的距离，所以一些大学生在网游世界中找到一种虚拟的满足，产生对现实世界的片刻逃离的错觉。

“家庭教育是形成孩子性格和行为的前提和基础”，国内外有很多研究表明家庭教育与孩子网络游戏沉迷之间有一定的关系。当代的大学生绝大多数都是“00后”的独生子女，物质资料的极大丰富为他们提供了富裕的物质生活环境，然而，他们的家庭教育没有为他们提供相匹配的精神食粮，造成了家庭教育的盲目。主要体现在家庭教育目标不合理，受传统观念“望子成龙，望女成凤”的影响，父母对孩子寄予了很高的期望，不计回报的付出给孩子带来了很大的压力，在父母期望的重压下生活的子女在现实生活中不能得到认可更容易转而向网络世界寻求安慰，通过网络游戏寻找成就感。家庭教育方式不科学也是其中一个原因，中国传统家庭教育不注重培养孩子的兴趣，一旦发现孩子沉迷于某项事情不学习就容易采取极端的做法，但是往往结果都是相反的，反而成为他们沉迷网络游戏的诱因。此外，家长媒介素养的缺失也是一个重要原因。媒介素养是指理解、掌握、使用媒介的能力，如果要让孩子正确看待网络游戏，家长首先要对网络游戏有一个正确的认识。然而，目前大多数家长都不能理性地看待网络游戏，对网游的看法存在两个极端：一种观念为一切影响孩子学习的东西都是“洪水猛兽”，应该严厉禁止；另一种观念为满足孩子对高科技产品方面的所有需求才能弥补两代人之间的“知识沟”。因此，家长应该提高自己的媒介素养，正确地引导孩子看待网络游戏，避免家庭教育的盲目。

大学生网络游戏沉迷带来的影响最大的是他们这类群体得不到理解，越来越与社会和家庭脱离。然而很多沉迷其中的大学生对网络游戏影响的认知存在一定程度的偏差，根据问卷结果，大部分调查对象认为沉迷网络游戏的积极影响大于消极影响，很多人没有从实质上认识到网络游戏带来的危害性。

从个人微观层面来说，沉迷网络游戏除了给大学生本人身心带来危害之外，

还会带来其他的危害，如荒废学业、形成畸形的消费观念。比如，沉迷网络游戏的大学生每月在网络游戏上花大量的钱，这样大大缩减了其他的正常生活支出，造成大学生学习、生活质量的下降。

第三节　大学生网络素养缺失下的沉迷色情信息行为

一、大学生沉迷网络色情信息的现状及原因

网络色情信息是指在互联网上以不同形式传播的黄色图片、色情文学、色情游戏、淫秽影片、色情行为等低级趣味的有害信息。在法律强制打击色情信息的背景下，互联网却成了传播色情信息的主要媒介，各种色情信息在网络中以各种形式蔓延。

有学者对在校的2.4万多名大学生的一学期上网行为进行调查，发现有5000多人超过10次以上访问过网络色情信息，当中有500人沉迷于色情信息网站中，其中沉迷于网络色情信息的人数：大一有63人，大二有144人，大三有153人，大四有140人。由此可见，大一学生沉迷在网络色情信息中的人数是最少的，而大二、大三、大四高年级的学生沉迷人数较多，从以下方面来分析原因。

（一）心理发展特点不同

依据埃里克森心理发展的八阶段理论，大学生的心理发展处于获得亲密感、避免孤独感的阶段。大一大学生处在心理发展的飞跃期，在学习和生活方式上有别于高中。他们对新环境充满好奇并憧憬未来，积极性相对较高，并愿意接受新的知识和参与各种课外活动，从而满足交往的心理需求，从心理上感受到校园生活充实。而随着年级的逐渐升高，大学生自主的时间相对较多，网络接触的时间就更长，好奇心驱使着行动，去浏览网络中的色情信息。一部分学生抵制不住网络信息的诱惑，从而沉迷其中，不能正确对待网络色情信息，在网络中耗费大量的时间，严重影响身心的健康发展。

（二）思想成熟程度不同

进入大学，新生自主意识变强，对自己的生活和学习有一个整体的规划，整体是趋向于积极的。但随着社交圈的扩大，一些消极不健康的思想会对大学生产生负面影响，尤其是随着年级的升高，大学生的心理矛盾也会越来越多，合理的情绪得不到控制就会产生“马太效应”，消极的思想就会越积越多。大

学生感到无所适从，在网络虚拟世界中似乎找到了自我，整个人都会陷入网络中，以致忽视现实中的人际交往和校园生活。

（三）课业学习要求不同

大学的各个专业分科较细，很多专业是新生以前从未接触的学科，课程的设置较多，安排较集中，学校教务部门对新生从学习、纪律方面管理严格，除专业课程外，还有选修课的要求。90%的学生都能遵守校规校纪。对于高年级学生来说，学校为了让学生更多掌控自主学习的能力和有充足的时间钻研自己的学业，在课程安排上相对减少，在管理方面也减少要求。对于自律意识不强的学生，不但没有合理地分配时间，反而花更多时间沉迷于网络色情信息中。

二、使大学生远离网络色情信息的对策

（一）加强大学生信息道德教育

目前高校的教育注重对学生计算机操作能力的培养，尤其是与之相关的专业，却忽视了对学生进行信息道德的教育。信息道德是指在信息的采集、加工、存储、传播和利用等信息活动各个环节中，用来规范其间产生的各种社会关系的道德意识、道德规范和道德行为的总和。它通过社会舆论、传统习俗等，使人们形成一定的信念、价值观和习惯，从而使人们通过自己的判断规范上网行为。传统的观点认为，信息道德培养应归于思想政治教育课。随着技术的不断更新，政治课的教育与网络的发展并不同步，要有计划地把信息道德培养纳入计算机课程和信息检索课程当中，让学生掌握信息获取的技能和技巧的同时，能够培养自律的上网意识，以知识武装自己的思想，增强对网络信息的敏感度，使学生自觉抵制不良的网络信息内容。

（二）加强大学生情感教育

技术的更新一直影响着教育领域的变革，教育工作者也是网络发展中的学习者，只有明确自身的角色，才能对学生的教育做到有的放矢，达到好的教育效果。大学生的性心理处在不断的发展阶段，如果采用传统的“打压式”教育方式，反而容易引起学生过多地搜集浏览网络色情信息。教育者要有目的地对学生加以引导，以情感教育为主，进行民主交流，让学生形成正确的思想意识，能够对网络中的色情信息自觉过滤。按照马斯洛的需要层次理论，在大学阶段，学生更多的是获得爱的需要，这里不仅包括亲情、友情，还有爱情。当这样的需要没有很好地得到满足时，学生就容易产生需要的补偿心理，易出现不文明

的上网行为。因此，学校要做好心理辅导工作，合理利用心理咨询室，让心理出现问题的学生能正视问题，积极克服困难。尤其是大一新生，可塑性较强，思想单纯，教育者要站在学生的立场用“爱”进行教育，晓之以理，动之以情，切实帮助学生解决生活和心理上的问题，让学生感受到教师的关爱，使学生朝向积极健康的方向发展。

（三）利用校园网系统为学生推送相关信息

校园网具有局域性、控制性的特点，可以使累积的资源在网络中运行，便于用户间的共享以及快速访问。要从网络中合理地筛选信息来提高学生的文明上网意识。目前学生在校上网，都采用实名认证登录方式，在用户登录认证窗口后，通过弹出窗口接收广播信息。在学生上网认证成功后，有目的地为其推送一些相关的知识信息链接。推送的信息内容主要包括以下几个方面。

（1）与教育相关的和与学生自身相关的就业和发展的内容，比如校园中的新信息点、教育部指定的新政策和给大学生以警示的新闻。这种间接地让学生获取知识的方式，可以使学生逐渐养成好习惯。

（2）通过校园网为学生推送相对较新的和贴近学生实际的一些课程，如“人际交往”和“激励学习”的相关课程，让学生对在线学习有初步了解。

（3）高年级的学生面临着考研和就业的选择，有针对性地选取一些相关的网站信息为其推送，让学生扩大信息面，从中获取有用的信息。大学生在不断提高思想水平的同时，想法也相对较多。应合理地对其进行引导，充分发挥校园中隐性课程的作用，使学生对网络资源信息产生敏锐的感知力，提高利用率。

网络色情信息毒害大学生的心灵，教育方法不当，很容易使大学生出现消极的思想。对沉迷在网络色情信息中的学生应以疏导教育为主，关怀理解学生，潜移默化地影响学生。同时，充分利用现代信息技术，把信息道德教育贯穿其中，让在校大学生合理利用网络资源，增强对网络不良信息的抗干扰能力，远离网络色情信息内容，提高自身的信息素养。

第三章　大学生网络素养缺失的案例解析

大学生网络素养缺失使得大学生遭遇诈骗的事件屡见不鲜。本章通过案例解析的方式，对大学生网络素养缺失情况下产生的校园贷、网络营销代理骗局、大学生滥用网络信用卡造成资金损失的事件进行阐述。

第一节　校园贷事件案例解析

在大学生活中，除了吃喝玩乐学之外，耳边萦绕着的还有教师喋喋不休的“远离校园贷”的话语。作为成年人，我们在很多方面已经有了明辨是非的能力，但为何在大学里教师总是一而再再而三地强调“校园贷”这个问题？“校园贷”到底是一个什么东西，弄得大家人心惶惶。

“校园贷”是指在校学生向各类借贷平台借钱的行为。

网络上对“校园贷”的解释是一些网络平台面向在校大学生开展的贷款业务，大致包括消费金融公司、电商背景的电商平台、网贷平台、线下私贷、银行机构五类。其特点是无须任何担保，无须任何资质，只需身份证和个人信息，就可以申请到一定金额的贷款。因为简单方便，所以备受大学生的追捧。

关于“校园贷”的危害，请看下面的案例。

有这样一位大学生，他是我们所说的“别人家的孩子”，上了一所比较好的高中，考取了一个不错的大学，用老一辈的话说就是“前途一片光明，闭着眼睛都能找到一份好工作”。

就是这样大家以为优秀的大学生，在网上借了差不多两三万，后来利滚利就滚到了将近十万。

事情的经过大致是这样的：

他考上了大学之后，感觉自己的见识更加丰富了，再加上认为自己成年了、长大了，不想继续向家里要生活费，就想着创业替家里排忧解难。

创业需要资金，但他苦于没有资金，又不想向父母要。

然后他刚好看到一些同学在电商平台借钱用，而且利息很低，如果按时还款的话甚至不需要利息。于是他研究后准备从该平台借钱做创业资金，可谁曾想，那上面只能借几千元，这无疑是杯水车薪。

他就想，可不可以找类似的软件平台借金额较大的钱。他去尝试了，果真借到了两三万。

他怀着雄心壮志准备大干一番，把这笔钱投入公司的运营中。可是不久，网贷公司就打来电话催他还款了，他想缓一缓。

但是，每天一个接一个的催还款的电话打来，利息已经飙到了很高，和他当时借贷时所说的无利息偿还南辕北辙，一些催款信息的言语开始变得更为粗暴。

他被电话弄得心力交瘁，也无心创业了，甚至把电话号码换了。

网贷平台留了一手，记下了他父母的信息，于是电话就打到他父母那里去了。

对于普通的工薪家庭来说，十万元算是一笔不小的数目，那几天搞得他家里死气沉沉的。

最后他爸妈向亲戚朋友借了一部分，才把这十万元还清了。

从这个案例中，我们可以发现大学生沾上“校园贷”的原因无非有以下几种：

（1）需要创业基金：初出茅庐的年轻人，好高骛远，想要通过自己的努力自给自足。但是，创业没有那么简单，还请三思而后行。

在大笔资金流动的情况下，最好还是和父母商量一下，不管怎么说，我们的生活阅历不会比他们丰富。

（2）虚荣心作怪：攀比风盛行，一些大学生想买高档手机、高档化妆品、高档鞋子等。

生活费不能满足需求，导致很多没有钱的学生禁不起诱惑，最后选择了办理校园贷。

（3）借贷手续简单：大学生不可以办理信用卡，而校园贷恰恰就钻了这个空子。

只要有身份证、学生证，加上简单的个人信息，就可以贷款。而且大学生的法律意识淡薄，自律能力与抵触诱惑能力较弱，更加容易上当。

（4）不懂借贷“规矩”：大学生对非正常渠道贷款的利息偿还根本没有什么概念，不知道借贷会有什么后果，认为借贷和生活中借钱无非一回事。

大学生自己不赚钱，对钱的概念也不清晰，利息是1%也好，10%、20%也好，根本吓不倒他们，只要给钱就行，越快越好。

所以，大学生一定要提高自己的防范意识。既然教师一次又一次地强调这件事情，说明肯定是有不少人上了当，而且惹上后真的非常麻烦。

还有很多因网络借贷引发了非常严重的后果的案例，比如："裸贷"导致当事人身败名裂，自杀未遂；催款方不断侮辱，承受不了重负跳楼；等等。这些都极其恐怖。

当前网络信贷花样繁多，在校大学生缺乏人生阅历，辨识能力有限。因此，大学生进行网络平台信贷，首先必须要量力而行；其次需要到正规的信贷平台实施交易，在借贷前必须先要熟悉了解相关法律，避免落入信贷骗局。

第二节　网络营销代理骗局案例解析

互联网的普及方便了生活的同时，也催生了一种新兴职业：网络骗子。初入社会的大学生成为被骗的重灾人群，学校在大会小会上提醒大家防止被骗，但是当事情没有发生在自己身上时，很多学生都是嗤之以鼻。

说到网络诈骗，大概很多人都深有感触。每次学校进行这方面的宣传，大学生都觉得离自己挺远的，毕竟自己也是大人了，也有分辨的能力。

可没想到，网络诈骗的花样越来越多，骗子的手法层出不穷，使得大学生一不留神便上当。

关于网络营销代理骗局的危害，请看下面的案例。

以下案例来自经历了网络诈骗的同学的自述：

微博是大家经常接触的社交平台，最近我在微博上经常会看到一些有几万粉丝的博主，发布帖子称零门槛、零会费招兼职，兼职内容有刷单、打字、培训、招代理、讲课等。

出于好奇，我加了某位博主的微信，之后我看到她的朋友圈都是晒单、工资多少、做了多少订单，还有不少的日常生活分享，就开始和她聊天了解这个是怎么做的。

她说，只要交一次入会费，终身不收费。我想到现在网商挺流行的，如果能通过自己的努力赚点钱还是可以试试的。她说，只要交了300元所谓的入会费，然后走完整个入职流程，就可以把入会费当奖励退还给我。

我在心里权衡了一下，看到她的朋友圈也并没有全部宣传这个，也许真的会像她说的那样。考虑过后，我交了300元。

之后，她又让我加了一个QQ，说这个人以后就是我的师傅了。

QQ那头的人把我拉进了一个群，要求我在入职前学习群文件和音频，并提交学习截图，然后写一段100来字的观后感。她说这不是故意为难我，是在考验我是否真的有做兼职的决心以及有没有认真看她说的所谓的资料。

当听完音频、看完那些所谓的图片资料后，我感觉有点像在做传销，就去问她，她说网络销售都是这种模式。我又问，为什么我是来做刷单的现在却要学习做外宣，我不想做外宣。

所谓的“师傅”耐心地解释说，大家刚刚入职都是要走这个流程的，一开始都是从外宣做起的。我想着既然都交钱了，就做到回本再说吧。

之后，我又按照“师傅”的引导去看了包括她在内的管理员的朋友圈和QQ空间，里面几乎就是炫富和给这个团队打广告的。

看完这些，按照规定和她说了我的感想。“师傅”收到我的感想后，问我有没有信心做好，我硬着头皮说可以。

接着，“师傅”开始传授经验。她给了我一堆图片，里面是关于怎么做外宣还有加好友宣传这个团队之类的教程，并且让我把微信交钱的截图保留下来，说是下一步的验证有用。

“师傅”交代我先会做外宣才能赚钱，如果有人问起，就说我是白金会员。只要我开始接单，我的入会费就一点一点返还给我，而且每一单还会有额外的奖励，算起来是不会吃亏的，大概做一两个星期就可以回本。

“师傅”还特别告诉我，可以在微博上花点儿小钱买粉丝增加名气。还可以在QQ充个会员装扮自己的空间，尽量做漂亮一点，到时候在上面发布外宣的消息可信度就会更高，来咨询的人才会更多。还可以找粉丝，或者让好友帮忙转发。如果他们不愿意帮忙，发个小红包给他们就搞定了，这样就更省事了。

在我完成了这些流程后，“师傅”让我继续加了一个教我走培训流程的QQ号，顺便让我备注说是她推荐的。

我没有多想就继续加了那个号。

验证消息发出快一个小时后，我收到对方的回复说要我走验证流程，其中包括上交我的联系电话、身份证、个人真实照片、父母和两个亲近朋友的联系电话等信息。走到这一步时，我左思右想，这不对啊！我隐约感到自己被坑了，如果我再继续下去可能会连累更多人的，个人的信息也会泄露。

犹豫中，我一直没有回复那个带我走培训流程的人。过了一个多小时，他主动发来一条信息：如果没有按照流程走下去是没办法完成派单更不可能去接单的。如果我没有做完这个步骤，就回去找我“师傅”跟她一起做外宣招人；

或者是再交钱直接升级成白金会员，直接跳过这个培训验证过程，才会有人专门找我去刷单。

这一刻我明白了，骗子的目的无非是一次又一次地让我交钱。就这样，我一步步走进了骗子精心设计的圈套。我反复考虑后，举报了那个博主和QQ里面加的外宣群，还有几个所谓的带我走流程的号。

回头想想，我们之所以会上当受骗，无非就是被骗子抓住了我们想赚钱的心理。无论是学生党还是初入社会的职场小白或者是宝妈们，很多人都怀着付出最少的代价换取高回报的收入，想用小钱赚大财的贪婪念头。

还有就是耳根子软，哪怕有一丝怀疑过骗子，还是会被能言善辩的骗子圆回去，继续受骗。

通过这次受骗经历，我总结了骗子的行骗手法和步骤：

第一，打着创业或兼职的名义，骗子的团队先是在微信朋友圈、微博、QQ空间发布一些所谓的招聘广告和代理晒单的消息。他们的惯用伎俩就是在一些社交平台晒大量的生活照，普遍是美食分享图、旅游风景图、俊男美女的照片等，让人觉得这不是一个僵硬的广告。

这些动态下还有不少的点赞评论，比如微博等就有好几万甚至是十来万的粉丝，实际上很多粉丝都是买来的僵尸粉或者团队里互相帮助的托，看起来更像是真的。

第二，当你开始私聊问情况的时候，他们不会马上回复你。回复的时候都会说在帮别人做咨询，咨询人数太多了忙不过来，让你以为这个人真的很忙，从而进一步消除你的顾虑。

甚至有的人会以学生的身份伪装自己在学习上课之类的，让你别太频繁打扰他们。当看到你有意向还在犹豫时，他们会有一整套的说辞，取得你的信任，引导你进入下一环节。

他们都会装作小忙一阵子，去发个动态晒一下又有新的会员加入了，配上聊天截图并且附上文案说他们很爽快、很积极之类的，从侧面刺激你想加入的欲望。

第三，如果你对要交费还存在疑虑的话，他们就会很友好地提醒你先考虑一下不要急着加入之类的，让你更加相信他们没有骗你，因为在常人看来骗子都是迫不及待催你交钱的。

第四，他们所谓的验证和培训过程无非是让你加好友或者群，故意让你觉得这个过程很烦琐。因为这些新加的人和带你进来的人一样，不会立马回复你。

第五，当你交过所谓的入会费后，他们会教你如何去“包装”自己，说白了就是教你如何再去骗其他的“小白”。

这个时候，因为交了钱不甘心，即使自己明白这是在作假，也会想着起码要熬到回本再退出。当你按照他们的指使做完这些后，他们又会以各种方式阻挠你通过所谓的验证，给你设置关卡障碍，以升级会员跳过流程直接开始跟人刷单之类为借口让你继续花钱。在这个过程中就会有很多小白受不了自动放弃，哪怕不能退钱也自愿退出，这就是他们的目的之一。

当你受不了走人的时候，那些所谓的“师傅”都不会挽留你。若是你想退钱的话，他们就会拿出起初的入会规定压你，说一旦入会退出不得退费之类的。甚至还可能恐吓你他们有你的个人信息以及亲友资料，你要退出的话必须拿钱赎回那些信息。

他们能得逞，往往都是抓住了“小白们”胆小怕事没长心眼的特点，也许所谓的恐吓威胁只是说说而已，并不会真的对你做出什么的，毕竟他们更乐于寻找更多“小白”而不会把时间花在你一个人身上。

现在想起来，我整个人还是瑟瑟发抖。被骗只能说我太愚蠢了。

如果我在找兼职之前再三考量以及冷静地分析，不受那些虚假宣传的诱惑，不起贪念的话，或许就不会有这个受骗的经历。

虽然300元不是一笔巨款，但是作为生活费只有千百来元的学生党来说还是很心痛的。

就算是我为自己的愚蠢交学费吧！希望大家看了以后能够引以为鉴，不要成为下一个为此交学费的人。

我讲出自己的受骗经历，是希望警示大家：这个世界上不存在免费的午餐，任何想不通过劳动而获取物质报酬的想法都是不切实际的。

切记，勿让贪婪支配了我们的思考和判断力。

第三节 大学生滥用网络信用卡案例解析

随着社会经济的发展，大学生已逐渐成了一支庞大的消费群体，在这个竞争激烈、个性鲜明的新时代里，大学生们又是怎样消费的？他们的消费观念是否值得担忧？助推消费贷款，放纵消费欲望，也许正在摧毁年轻人的未来。

关于大学生滥用网络信用卡的弊端，请看下面案例。

下面是一位毕业工作半年之后，才还完花呗的大学生的自述：

毕业工作半年之后，我终于把花呗还清了，然后我就关闭了花呗。

我分了三期才最终还清，付了近百元的利息。我现在真的相信了那句话——

“花呗”一时爽，“还呗”火葬场。

我用花呗有两年多的时间，一开始额度只有一千，我心里有数，花得也不多，新的一月总能还上。

后来慢慢地我就开始超前消费，买了很多并没用的东西，什么蓝牙耳机、运动手环、触屏写字笔、护膝……毕业收拾寝室的时候，我才发现自己买了这么多无用的东西。这些东西都是我在一瞬间想起来，就打开购物网站购买到的。买了之后没几天，就把它们丢到了角落。冲动消费就是如此。

可用额度提升之后，我已经不能一次性还清花呗了，于是开始分期还款。当然，这是要利息的。

线上支付总给我一种感觉，就是钱不那么值钱了。显示在手机屏幕上的一百元和纸币的一百元相比，总觉得不那么值钱，分分钟就花完了。

每次翻看账单的时候，我才知道自己的消费已经超额。

据统计，将近四成大学生把花呗设为支付宝支付方式的首选。我之前正是这四成中的一分子。刚开始还知道自己到底有多少钱，花呗用多了，就不知道了，觉得还是先把东西买了再说，之后慢慢还。

我的花呗额度只有两千元，尚且在我的承受范围之内。但我不知道假如额度上万之后，我会不会失去理智。

每到月初，我总会听到有人说还不上花呗了。

花呗一开始并没有分期还款的功能，可以分期之后很多人开始“有恃无恐”，不加节制地超前消费。

如果分期之后还是还不上，可以继续分期，真是不知道要还到何年何月。

每次看到那些因为网贷造成悲剧的新闻，总觉得那些人好傻。其实自己何尝不是其中的一分子呢?

虽然花呗一开始没有利息，但逾期利息很高，分期利息也不低。于是，慢慢地我就透支了几个月的生活费，想想也很可怕。

不知从何时开始，我们这个社会开始鼓励大家超前消费。周围很多朋友都有额度上万的信用卡和各种网贷，他们分期买了最新的 iPhone，最新的笔记本电脑，还有昂贵的单反相机。

我不清楚到了还款的时候他们怎么办，只知道，这种超前消费带来的所谓的快乐并不会持续很久。

既然没钱，为什么还要买买买呢?

显然，网络借贷击溃了我们本来就脆弱的自控防线。

加上享乐主义的泛滥，买买买成了一种生活方式。不断更新换代的各类电子产品、说走就走的旅行的诱惑、线上购物的方便快捷，无一不在刺激着我们超前消费。

很多时候，我们大多数人的经济实力并不能跟上电子产品更新换代的速度，也无法承受旅行的大额花销。

传统的节俭美德渐渐被消费主义吞噬，年轻人也越来越不喜欢攒钱，超前消费成了潮流。

反正买房可以贷款，买车也可以贷款，慢慢还呗。

可是总有那么几天，那么几次，你没钱。然后就是拆东墙补西墙了，这样就彻底陷入网贷的泥沼了。

况且随着超前消费的扩大，我们的欲望也会随之增加，之前买不起的东西都想买了。然而大多数这样的购买，最后对我们来说都没有用。

超前消费给我们带来的快乐更多的是付款买到东西的那一小段时间，是那一阵的快感。

真正让我们快乐的，并不是购买的物品带来的，而是在购物时对即将使用的新产品的期待。期待过了，快乐很快消散。

这种压力伴随着时代的焦虑，击垮了很多人。

超前消费带来的买买买的风潮，也让我们慢慢忽视了自己精神世界的建设。

工作赚钱还贷，没有时间停下来去看一本书，去和家人用心聊天，去跟孩子进行亲子活动。

这是我们这个时代必然经历的过程，我们应该理性看待超前消费，视自身情况而定。

第四章　大学生的成长研究

本章主要从大学生的成长规律、大学生成长之注重心理健康、大学生成长之树立文化自信、大学生成长之融入社团、大学生成长之就业五个方面对大学生的成长进行阐述。

第一节　大学生的成长规律

一、大学生成长规律的基本内涵

（一）规律的内涵

事物的运动变化是有规律的，规律是可以为人们所发现、认识、把握和利用的，这是辩证唯物主义的基本观点。规律也是法则，它是存在于事物联系发展过程中的一种固有的、本质的、必然的、稳定的联系。第一，规律具有客观性，是一个事物与生俱来的，不以人的意志为转移；第二，规律是一种需要用理性思维才能把握的本质联系，而非仅是感官所感知到的复杂变动的现象联系；第三，规律揭示的是事物之间的必然联系，表明了事物一种确定不移的发展趋势；第四在于事物运动的稳定性和重复性，只要具备同类事物特定的规律条件，就一定会反复起作用。列宁认为，规律是表示人对整个世界各种现象的本质认识呈现出的同类概念，或更确切地说，是在程度上相近的概念。毛泽东则认为客观事物的内部联系就是规律性。总的来说，世界上的一切都在不断发展变化，但这种发展变化不是杂乱无章的，都是有规律的，同样，人的成长发展也是有章可循的。高校思政教育工作者要积极发挥自身的主体能动性，分析把握当下大学生成长成才的发展规律，有的放矢地开展教育工作。

（二）大学生成长规律的内涵

大学生的成长发展既是生命个体自然生长成熟的物理性过程，也是构建复杂的社会关系、逐步社会化的过程，但各种素质能力的培养和锻炼在这个过程中并非一蹴而就，而是动态和持续的，其中既包含学生自我发展的主观能动性因素，也包含客观社会环境影响和制约的因素，是影响学生成长的内部因素和外部因素共同作用的结果。也就是说，大学生成长是指在家庭、学校、社会环境和个体自然成熟等因素相互作用下，随时间的推移，大学生群体的生理、人格、社会化等各方面都朝着圆满成熟的方向，整体全面发展的成长过程。它是一个相对复杂却有序的系统，往往显示出一定的规律性，大学生成长发展的过程是有章可循的，是具有特定的、普遍存在的客观规律的。

由此，大学生成长规律是形成于制约大学生成长发展各要素的矛盾运动过程中，体现和反映大学生这个特定群体成长的各方面问题的本质的必然的联系。它是一般性的规律结合大学生成长过程更加具体的表现和映射，是特殊与普遍，个性与共性的关系。具体体现在以下几个方面：其一，大学生成长过程具有阶段性规律，大学生从大一年级到大四年级的各个阶段都各有其独特的身心特征和发展规律；其二，大学生成长过程具有主体性规律，受个人先天素质和后天实践形成的思想品质、学识能力等内在因素的制约；其三，大学生成长过程具有社会性规律，除受主体性内在因素影响以外，大学生所处的自然与社会环境也影响着他们的成长发展，大到身处的这个时代和社会，小到工作单位和家庭；其四，大学生成长过程具有时代性规律，大学生的成长与社会发展、时代背景密切相关，随时代的发展，具有丰富的时代内涵，并表现出规律性特点。在高校思想政治工作中把握并遵循大学生的成长规律，不仅仅是直接回答了高校“如何培养人”的问题，也是高校思想政治教育科学化水平提升的应有之义和内在要求。

二、当代大学生成长的表现

教育的目标是培养人。那么，对人的培养就必定得遵从人性。大学生的成长成才过程是一个受到诸多因素制约和影响的复杂过程，其中充斥着各种各样复杂的矛盾关系，对大学生进行思想政治教育不能无章无序、太过急躁，一定要符合大学生成长发展的合理需求以及内在规律，根据学生的不同特点和思想实际因材施教，循序渐进地开展。本部分内容将认真剖析探讨大学生成长成才过程中不同层次、不同方面、不同角度的一般性规律及其表现，以便为教育提供参考。笔者主要从以下几个角度进行阐述：不同阶段特点各有呈现、主体意识增强和主体需求多样、社会实践能力提升、求新求变的创新精神逐渐凸显。

（一）不同阶段特点各有呈现

1. 大一年级的特征

（1）融入感与适应性得到提升。大一年级作为踏入大学校门的起始一步，是大学生适应新环境，探索新角色的基础阶段。面对环境、生活方式的变化以及陌生的面孔，大一新生可能会很不适应，他们对中学生活和大学环境及个体角色差异还不能很好地接受，尤其是对自身的定位和期望可能会和他们的真实感知和实际心理体验之间有着较大差别，因此需要一个适应期，这个适应期可能会比较长，因为这不仅仅是换个班级、换个教室那么简单，他们迎接的是全新的生活方式和学习模式。

例如：有些学生在中学时期成绩较好，由于高考发挥失常或者填写志愿不是本意等，对现有的学校和专业不满意，由此产生了较大的心理落差；学生已经习惯了中学阶段接受知识的方式，暂时难以适应大学的学习方法，对于生活起居要自己打理、学习进步要自我监督、时间精力要自己安排等问题无所适从，使他们的学习成绩明显下降；有些学生缺乏沟通交际能力，他们到了新环境中，既不习惯接近别人，也没法让别人了解自己，寂寞感和孤独感常常出现。这一系列的现象大多出现在大一年级，尤其是大一上学期，但随着在校时间增多，学习模式渐渐适应，和身边同学的相处更加融洽，大学生的大学生活也越来越丰富，融入感和适应性都逐渐提升。有的学生甚至明确了奋斗方向，对未来充满了信心，已经在心中种下了理想的种子，并热切渴望能尽快播种，对大学生活怀揣着美好的憧憬。特别是在中学时期表现不是很突出、很优秀的学生，他们更是希望能够在新环境中“打翻身仗”，重塑自我，重新开始。因此，在这个阶段，对于大学一年级学生的思想政治教育，主要以适应教育为重心，进行学习态度、学风、行为习惯以及责任感的教育，帮助学生培养自主能力，使其能够尽快地了解学校的规章制度，适应学校的学习和生活节奏，顺利度过大一适应期。下面案例是一位初入大学的大学生自述自己是如何适应陌生的大学环境的。

异乡人的惆怅，写给初进大学的你——愿每一份异乡求学的惆怅都有所慰藉。

求学在外，无奈作客他乡。穿行在不属于你的城市里，不免怅惘非常——一切都是全然陌生的模样，叫人断肠、催人思乡。难舍故里的异乡人啊，你又何尝不知辗转反侧的深夜难熬。愿借此文，聊以抒怀，慰藉一二。“不知不觉把他乡当作了故乡，只是偶尔难过时，不经意遥望远方。”

李健的歌一直是我喜欢的类型，不是因为它有多好听，而是因为歌词所蕴含的情感正与我的内心吻合。

我不是一个总是运用华丽辞藻来写文章的人，可能是天生的兴趣不在写作。我认为用朴实平淡的语言也可以写出引人深思的文字。

我是一个普通本科院校汉语言文学专业的学生。

这是我第一次住宿舍，刚开始难免有些不适应。在过去的十二年，我就是那种“衣来伸手饭来张口”的孩子，虽然别人嘴上不说，但我知道他们心里也是这么想的。

过去二十年，我从未想过改变这种行为，因为在我看来，每个父母都是为孩子服务的。

也就是说过去的二十年里，我认为地球应该是围着我转的。即便这样，我的学习成绩也没有因为我的生活而变得优异。

勉强考上了二本学校，但是我不后悔，因为我也曾努力过，我的父母也这样认为，毕竟跟那些三本、专科的孩子相比，我还算个“优等生”。

开学的日子越来越近，我的心情由愉悦转为伤感。

该来的还是要来，离开家的那一天还是到来了。

爸爸拉着那个我精心挑选的行李箱，妈妈拿着未装进行李箱的东西和爸爸并肩走着。我背着双肩包跟在他们后面，思绪万千又百感交集。

那列准时的绿皮火车终于来了。经过了11个小时的车程，我们终于到达了目的地。天色已晚，饥饿难耐，爸爸的朋友找了一家车站附近的饭店，解决了我们的晚餐。之后的两天，我们穿梭于这座城市的各大景点、商场，暂时忘记了即将分别的愁苦。终于到了报到这一天，进入校门，学校的大门、大学桥、教学楼等，凡是能看得见的地方，早已被红色的迎新条幅覆盖，它们好像时刻在提醒着我：这个陌生的城市将剩下你自己一个人。

当时实在是没有时间去思考分离，我正在为入学的一切事情忙得焦头烂额、精疲力竭。见到了室友、辅导员……

到了下午，父母也终于“被迫”离开了。

我微笑着和他们告别，可当门关上时我也会偷偷抹眼泪。后来听说他们亦是如此。毕竟二十年来我们从没有分开过。

很快大学的第一课——军训也准时开始了。

第一天心力交瘁，疲惫不堪。晚训回来还要写军训日记，以至于没时间去想家——这是当别人问起我想不想家时我的回答。

其实只有自己知道凌晨在被子里偷偷抹眼泪的人是我，脑子里一直在想没有母亲在身旁该怎么生活的人是我，担心各种各样的事情的人还是我。

我就是这样的人，我也相信有很多人跟我一样，那种只有自己知道的痛苦就让它烂在心里，没有谁真的会和你感同身受。不知不觉熬过了那段时光，我也正式迎来了我的大学生活。

过去二十年对大学的憧憬再次浮现在我的脑海里。轻松愉快的课堂，纯洁美好的爱情，还有相见恨晚的友情，等等。

就在我无限憧憬之际，现实却实实在在地给了我一个耳光。

大学的第一年，浑浑噩噩地就过去了。在辗转难眠的深夜里，我不再选择哭泣，我会戴上耳机，放起那首《异乡人》。

“披星戴月地奔波，只为一扇窗，当你迷失在路上，能够看见那灯光。不知不觉把他乡当作了故乡，只是偶尔难过时，不经意遥望远方。”

总是能闻到妈妈锅里的菜香，总是回忆起爸爸与我的每一次谈话。每每想到这时，回家的欲望就越发强烈。

在某一个阳光明媚的下午，我终于写下了我的心境：

总是这样，

不知身在何处，

又知这不是故里；

望着挺拔的楼群，

听着蝉儿的唏嘘，

这不禁让我回到过去；

在记忆里，

江水依然会泛起涟漪，

钟声依然在十二时响起；

总是在寻找，

寻找那个过去的自己，

总是在迷失，

迷失在这个看似明亮的黑暗里；

而如今，

我在那个被叫作“梦想”的国度里，

这里没有他，

也没有你，

只有白日喧嚣、夜里静谧的自己。

我把这首诗取名为《惘》。

迷惘正是我那时的心情。就像远行的游子，把曾经的乡音悄悄地隐藏，将说不出的诺言一直放心上。

在这个不属于我的城市里，有许多时候，眼泪就要流下，只有家乡的那扇窗是让我坚强的理由。

小小的门口，还有妈妈的温柔，一直默默给我温暖、陪伴我左右。岁月催促人长大，匆忙的脚步早已停不下，还没说完的话，就留在心里吧。

谨以此文，送给那些刚刚离家的朋友们。

“独在异乡为异客，每逢佳节倍思亲。”希望你在异乡可以收获纯洁的爱情，遇见美好的朋友，做自己想做的事情。

也希望《异乡人》可以给你带来心灵的慰藉，让你沉下心来，去接受成长的洗礼。

（2）强烈的新鲜感与好奇心。大一新生从高考的战场凯旋，又一次面对一片崭新的天地，对于大学校园，他们表现出兴奋和向往，对眼前的一切都充满了新鲜感与好奇心。首先是学习方面，学生在小学、初中、高中这些进入大学之前的阶段，都有一个明确的奋斗目标，那就是上大学，教师、家长都在身边督促着他们学习，而大学环境与中学则不同，不再有人时刻关注你，而更多的是需要自主学习，这样大家自由支配的时间也增多了。其次是生活方面，许多学生上大学前都由父母照料，进入大学后，远离父母的监督、照顾，很多事都需要自己去处理。而且进入大学后，他们可以根据个人的爱好和时间精力参加各种活动，有选择性地锻炼自己学习、社交等各方面的能力，生活更加丰富了。有的学生是“三点一线”，埋头苦读，有的学生把自己的课余时间奉献给了运动场，有的学生潜心于一个能带来满足感的爱好。最后是人际关系方面，大学是个小社会，大学生来自不同的地区，每个人的价值观念和生活习惯都有所不同，大学生在同一个屋檐下生活，各种冲突逐渐呈现出来，因此学会协调彼此之间的关系，有一个良好的人际环境极其重要。

但总的来说，大一新生面临的环境与中学相比更加宽松和自由了。信息技术的发展拓展了个人空间，使得大一新生能够获得各方面感兴趣的信息。但与此同时，由于大一新生自身经验不足，自我约束能力普遍较差，碎片化和快餐化的网络信息容易对他们造成不良影响。例如，部分新生容易过分依赖智能手机，沉迷手机游戏无法自拔，成为“低头族”和“夜猫子”，甚至经不起各种诱惑，上当受骗或者骗人，这些现象都是教育者需要格外重视并解决的问题。

2. 大二年级的特征

（1）总体状态处于平稳期。一年级新生和四年级毕业生一直是高校教育工作的重点，大三年级的学生也在高年级毕业和就业压力的影响下被动提升，但是大二的学生很少被关注到，主要原因就是该阶段大学生总体表现出的状态是比较平稳的。这是在基本适应高校生活节奏的基础上，新生形成稳定的心理行为特征的重要阶段。首先，学习生活方面，在过去的一年中，大部分学生忙于参加各种新奇的活动，游览学校周边的景点，几乎很少有学生能踏踏实实地学习，到了大二年级，有些学生开始总结自己在大一一年中的收获，并暗示自己不忘初心，重拾梦想，开始思考自己该如何度过大学余下三年以及毕业之后该干什么。其次，思想观念方面，大二学生的思想心理状态趋于稳定，愿意在遇到问题时积极思考，发表自己的意见并能提出合理建议，也更愿意辩证地看待周遭人与物，较为客观冷静。最后，人际关系方面，大二是学生交流的频繁时期，是各种人际关系密切交织的时期，经过一年的相处，大家已经对彼此的性格和生活习惯有了一定程度的了解，因此大二年级的学生开始形成自己较稳定的交友准则。总的来说，大二年级学生的总体状态处于平稳期。

在这一阶段，不可否认的是，大部分学生缺少了大一年级的好奇与热情，对于大学生活的新鲜感逐渐降低，与大一年级的积极状态相比，他们的学习态度等略显松懈，同时，也没有毕业学生的紧张与茫然，距离毕业时间还有大半，暂时还感受不到那种手足无措与毫无头绪。但这种看似稳定的状态实际上是有危机的。第一，学习两极分化。大二学生的学习方式开始向自主学习过渡，学习成绩较好且自觉性较强的学生尚且能够保持学习热情，但部分学生缺少自主学习能力，面临实际学习成绩与心理预期上的落差，则逐渐失去对自身学习能力的自信，甚至出现“挂科”现象。第二，安逸感强，个人发展规划很少落实在行动上。虽然经过对大一年级的反思与总结，部分学生开始思考自己的人生规划，但由于大二年级暂时不就业，很多学生安于现状，没有认真考虑上大学为了什么，用人单位要求什么，自己又能够做什么，没有目标便没有方向，自然也就谈不上前行的动力，因此该阶段的学生在切实提高自身能力方面还处于暂缓期。第三，人际矛盾爆发。随着同学间了解的深入，且由于个性差异以及交友态度的不同，大学生过去隐藏或积累的矛盾逐渐暴露，因此大学生的交友方式也更加理性，各自的交友原则和交往范围都开始趋于稳定。

（2）活动参与具有选择性。大二年级处在由低向高的连接阶段，是大学生思维能力提高，认识能力提高的重要阶段。这一时期，大学生对大学知识已经有了一定的认知，知识水平和认识能力大大提升，因此会主动思考自我之外的环境和社会，想了解与现实生活相关的时事，以跟上时代发展的脚步。

相比忙碌于各种校内社团活动的大一学生来说，到了大二阶段，他们的生活似乎平静了许多。对于从大一入学以来就一直充满热情、兴致勃勃地参与各种社团活动而言，大二学生参与活动的激情正在逐渐消减，因为他们在了解各种社会实践活动的基础上也反思过去一年花费时间精力去参与实践活动的所获，开始总结、思考并且选择对自身未来发展更有益的实践活动去参与，更加有目标性和选择性，而不再像大一年级一样，什么活动都希望能占个名额去探个究竟，攒些经验或者获个小奖。但这并不是说大二学生不再积极参与实践活动，而是更加有选择性地参与。总体说来是由于以下几点。首先，大一时期大学生对社团组织极度好奇，参加社团活动占用了他们太多的时间，如若没有选对合适自己的社团，身体会逐渐超负荷，慢慢地参与热情趋于淡化，大学生就会退出部分社团，参与他们感兴趣的或者是他们认为对自己未来发展有价值、有意义的活动，这是一种对自我认知更加明晰的趋势。其次，也有一部分学生是因为到了大二变得懒惰，缺乏自我提升的动力，不太愿意花大量时间去参与那些可以不必参加的活动，而只会有针对性地去选择一些特别必要甚至学校强制参与的实践活动，因此在实践活动方面也就不那么积极了。因此，在该阶段，教师更应该在教学内容方面体现应用性和前沿性，在教学模式方面，根据课程特点和学生需求，寻找贴近学生的教学素材以提升参与感。

对于大二的学生，下面这则案例对其学习和生活会有一些启示。

上初中的时候我是个乖孩子，总是听老师的话好好学习，这时，总有人当着我的面，或者背着我，发出阴阳怪调的声音：“你真刻苦啊！”

上了大学，这样的话又出现在耳旁，我心里很不舒服。

不知是从什么时候开始，“刻苦”这个词竟然变了味道，竟成了笨人的专属词汇。没想到，我追求的充实却被说成笨鸟先飞、勤能补拙。

有时，“你真刻苦啊！”这句话是酸溜溜的，像是被主人丢在一边的陈醋，偶尔散发出出味道，做着垂死挣扎，以此来证明自己的存在。

老子主张“小国寡民，老死不相往来”，想来有几分道理，可能这就是人们喜欢待在自己小世界的原因吧！没有对比，就不会有伤害，便不会嫉妒、羡慕。

说这句话的人，心里往往是不屑的，他们心里的潜台词往往是：你期末考试不错，你取得的任何成就都是因为你刻苦；不过也是，你不聪明就只能刻苦了，我是懒得做，要是我也刻苦肯定比你强。他们会以此来安慰自己，让自己可以在温室里继续从容生长。

我们都知道，社会中有一种良性竞争，你看见对手努力，所以自己会更努力；你本来打算放弃了，停下脚步歇歇，可看见对手还在坚持，于是你也坚持下去。两个人与其说是对手，不如说是相依为命的奋斗者。

而现实却是你做不到，便不想别人做到，尤其是身边的人，总想拉个垫背的，为自己的颓废找个理由，减少负罪感。

可是你要知道，世界并不只有你看见的这么大，还有许多你看不见的地方，那里有许多你看不见的人，正在默默地努力奋斗。

《肖申克的救赎》中有一句经典台词："那是一种内在的东西，他们到达不了，也无法触及的，那是你的。"

大学里的每一个人看起来似乎都是一样的，一样的上课，一样的玩耍，一样的吃饭，可真正面临人生重大考验时，每个人的反应却又变得不一样。所以我们应该为自己找一些与众不同的东西，在危急关头可以让我们从人群中显露出来。

但你真的刻苦了吗？可能并没有。

我们只是把别人该做的事提前做了，把别人脑袋里的念头当成一件事去做。

我会尝试写文章，为未来的生活找个盼头；我也会提前准备考研，因为不想到时那么仓促。

"刻苦"并不苦，因为我知道以后的路会越来越平坦；我没有浪费时光，所以我不会空虚；我知道什么该做，什么适合做，我便不会迷茫。

那是属于我自己的一份充实，我充实，我快乐。

有时，说这句话的人没有什么意思，只是单纯地羡慕。

《平凡的世界》里有一句话：我认为，每个人都有一个觉醒期，但觉醒的早晚决定个人的命运。

有时，人们往往单纯羡慕却不去做，这个时候这句话就变了味道。有种善良叫漠不关心，因为那些追梦的人在初期往往会不自信，他们不想让别人知道，不想被评头论足。

所以就让他在自己的小世界里去摸爬滚打吧！如果他们失败了，那就是属于他们的专属记忆，为以后的成功奠定基础；如果他们成功了，那就感叹一句"你真厉害"，那就够了。

我想让每一天都有所值，我想单纯地去追求我想要的生活，你又有什么资格在这里指指点点呢？

今后，如果有人向我说这句话时，我真的只想对他说四个字："关你何事！"

3. 大三年级的特征

（1）自我定位与未来规划逐渐清晰。历经两年时间，绝大多数大三学生都能独立生活，解决问题的能力也有所提高，他们更加理性，能够清晰冷静地审视自己，思考评判周围发生的种种事情。同时在这个时期，他们也将面临其他重要的事情，如何给自己正确定位成为很关键的问题。只有充分全面地认识自我，才可能制定出适合自己个性、能力以及兴趣的职业规划，这是踏入社会的关键一步。在进入大学的前两年，学生对自我虽有一定的了解，但大多是通过自己体会和他人评价而得来的，不够科学全面，到了大三年级，学生在各种形式的活动中受到了多方面的锻炼，他们的知识面得到拓宽。在这一阶段，他们对近期的自我状态进行深刻反思总结，对自我的认知能做更加清晰明确的判断，也能据此更好地自我管理并开始思考职业规划等问题。

这个时期，大学生经历了从未有过的心理波动，面临着直接就业、考研、考公务员或者出国深造等多种选择。考研、出国这些词语常常在学生中间提起，有意愿要考研升学的学生开始从各方面网罗考试科目和报考学校的信息，了解各种自己专业需要的考研培训班。相比前两年，计划直接就业的学生在这个阶段开始对与专业对口的各类资格证书显示出了浓厚的兴趣，通过各种途径广泛获取相关的职业招聘信息，准备出国深造的学生则整天钻在自己的语言世界里疯狂学英语。在这一过程中，他们思考自身的优缺点，并对照着各个工作的岗位要求，衡量自己是否适合，以更好地规划自己未来发展的蓝图，制订适当的计划，并遵循一定的时间安排，朝着自己的计划迈进。因此在这一时期，高校思想政治教育要注重引导学生进一步了解社会需求，并进行专业心理的引导，帮助学生进一步提高对本专业及其自身能力、兴趣的认知。

（2）针对目标多方面提升能力。大三年级是大学生有意进行自我多方面提升，准备接受社会检验的时期，是将“半成品”变成“完成品”，精加工的时期，也是对将来有一定规划并愿意为之努力的时期。这个阶段，他们感觉到了危机、紧迫与竞争，通过多种渠道关注社会热点和时政新闻，与其他同学沟通就业信息，期望获得更多的信息资源，培养自己多方面的能力。可以说，大部分大三阶段的学生都在既忐忑又期待地等待着自己厚积薄发的时刻，都在为自己即将进行的“质”的飞跃做准备工作。

他们开始针对自己未来的职业规划制定合理的奋斗目标，并以此目标为标杆来衡量自身能力，将精力重点放在专业比赛和专业证书考取等方面，这也是很多学生在大三时调整学习生活状态的主要原因。是瞄准目标积极提高自身的能力，还是整日上网、看电影、玩游戏，无所事事，大三学生几乎都能做到心中有杆秤了。这一年，他们学业负担不重，学习更具有专业性，更善于利用空闲时间，尤其对本专业感兴趣的学生会乐意吸收专业知识，接受相关培训或参与实习；英语较差的学生开始专攻英语；专业知识不过关的学生与图书馆为友，疯狂查阅各种资料；不计划直接就业，选择升学的学生，也更加自觉主动地准备考研、考公务员的知识。此外，到了对于准备就业的大三阶段，很多在大一、大二年级常常利用业余时间做兼职的学生也开始重新寻觅一份能够有针对性提高自己思维与实操能力的工作去做，既为未来工作积攒经验，也不失为一个了解社会的好方式。相应地，现阶段高校思想政治工作的难度会增加，高校教师需要从多角度出发，根据学生的思想特点对症下药，教育学生认清时局，把握自己的方向。

机遇，从来只给有备而来的人，下面这个案例正是印证了这句真理。

前几天，跟着领导面试了一个即将毕业的男生。他自我介绍的第一句，便是“我是某大学工商管理专业的应届毕业生，我叫赵 ××”。乍一听会觉得他挺厉害的，某大学可是“985”“211”院校。

领导问他，为什么没有简历时，他说没来得及准备，问他擅长什么时，男生一脸自信地说：“掌握了基本办公软件，考了计算机二级、英语四级，喜欢运动，爱唱歌。”可让他现场做一个 PPT 时，他却连如何插入音频都不会。

在这个小城市，“985”或“211”院校的本科大学生，毕业即带着光环。社会真的很现实，在网上投简历，很容易收到面试邀请，只因出身“985”或“211”院校。但是当你能力不够时，无论你此刻的起跳板有多高，也会被拒之门外。

确实有很多机会固定在高门槛，一开始所处这个环境的你可能让很多奋斗了很久的人都无法超越。但是读了四年大学，面试连简历都没准备，一无所精，还一心想靠着高学历找一份不错的工作真的很难。

此时的你才发现别人已把剑配好，自己却依然赤手空拳，连这三脚猫功夫都靠不住，如何能靠得上“985”或“211”那若隐若现的光环呢？

机遇，从来只给有备而来的人。

有备而来的人，迟早都会散发属于自己的光芒。

一个月前，在学校因加入学生会认识的学长给我发了一条消息，问我：“小学妹，听说你要买保险，可以支持一下学长的工作呀！”

我很惊讶，在院学生会做到学生会副主席的位置，怎么会沦落到卖保险给还没毕业的学妹，既悲哀又尴尬。

跟他聊了一会，学长说：“其实我这四年来过得浑浑噩噩，除了一个毕业证能证明我读过大学，我还真没感觉自己是一个大学生。天天在学生会混，自我感觉很厉害，但是出来谁管你是不是学生会主席，最重要的是你有没有实力。专业什么都不会，一些专业词语听起来都觉得陌生，学编程代码的连PS都不会，每天上课玩游戏，下课玩游戏，打字的速度连小学生都不如。”

忽然想起了一句话，“你现在的敷衍，都将作用在你的未来”。毕业了才发现大学四年都是在敷衍自己，然后毫无准备就已步入社会，从而进退两难。

人生走过的每一步路，都算数。不会因为你的敷衍、不努力而重新来过，我们没有与生活抵抗的资本，也没有充足的底气。

所以，只能埋下头，踏实努力地扎在图书馆、实验室，铸造自己闪亮、坚硬的铠甲，用它来抵挡世态的炎凉。

刚上大学那会，读大三的堂姐跟我说过两句话，一句是“任何人风光的背后从来都不是安逸，而是要付出十二分的努力”，另一句是“机会只会眷顾那些执着努力并有准备的人”。

当时觉得她简直是莫名其妙，有种她被高中老师附身的感觉，总会在你稍有松懈时打一针鸡血。

直到现在出来实习，我才完完全全明白她这两句话，安逸换来的只能是生活留下来的耳光，有备而来的人，才配得起生活留下来的机会。

大学四年，我以为我足够努力，一切按着正常的轨迹循序渐进，把自己想考的证书考下，偶尔学学课外知识。殊不知，在自我满足时，很多高中同学拼命往前跑，早已把我甩到了角落，而我还依然在安逸区里自我陶醉、沾沾自喜。

最近沉寂了很久的高中QQ群突然热闹了起来。起因是有同学在群里发了结婚请帖，我才知道，他们从大学期间开始创业，做软件开发，投资房地产，现在人家已是身家百万的人。

他们从进入大学就开始谋划创业，每天泡在图书馆、实验室，去做各种跟他们创业有关的兼职。而那时的我可能为了考某个证书在图书馆做题，也有可能是在看电视剧。以前一个英语考试经常不及格的同学，现在人家做同声传译，群里有人问，“你不是学小语种的吗？怎么做同传了？”。那个同学说，“我学的是小语种，但是发现其实语言就是那么回事，我每天都说，练多了就好了。我大二去英国做交换生了，回来跟着老师一起就做了同传”。

而我说一句英语都磕磕巴巴。所以生活给了我一记响亮的耳光，拿着2000多元的工资，过着勉勉强强的生活。

曾经那些和我差不多的人，都变成了我羡慕的对象。生活，真的很现实，不可能因为你一分的努力就让你在商场随便刷卡，也不可能因为两分的努力而让你在大城市体面地生活。你只有拿出十二分的努力，才有可能过上你理想的生活。

一个考过司法考试的学长问我："今年还考不考司法考试。"

估计是看我犹豫，学长语气有些急地说："今年可以考，明年说不定本科不是法学专业的就没有机会了，当你准备好，就已经结束了。现在已经四月底了，你一早就知道要考，一直拖，从12月拖到现在，总是以工作忙为借口，你就是懒。今天你说工作忙，明天你说累，后天你说不舒服，这样你就循环到考试那天都没开始。你懂不懂，明天、以后、未来这些词会拖垮你的理想，最后的结果只能是化成泡沫，支离破碎。你有的只是现在。"

我还没来得及回答，学长又说："生活不会给你太多准备的时间，现在还有机会，走出你的舒适区，快点准备，从现在起踏踏实实地走，才工作了几个月，曾经那个骄傲的人就被现实磨平了？"

学长的话让我不得不正视自己的问题，我现在的逃避，现在所放纵的都将会促成一个更加不美好的自己，让自己成为"差不多"小姐。

现在的准备在未来会变成礼物，让自己遇到心动的人和事时，有充足的底气和资本。现在的准备可以让日后的自己在遇事时多一点自信。

无论现在的你打算做什么，一定要踏踏实实努力地做准备，那些想要的，你不曾遇到过的风景，都会踩着七彩祥云慢慢向你靠近的。

4. 大四年级的特征

（1）面对压力焦虑、慌张。大学四年级既是大学学习的结束，又是人生职业生涯的准备期，是迈入社会的前夕。这个阶段的学生有些特殊，期末考试不挂科已不再是大多数学生仅有的目标，而是要面临人生道路上的重要选择，都在焦灼地思考自己的未来。社会求职、学校论文答辩等各种压力，以及社会、学校和家庭的多重期望使他们不得不摆脱以往的生活方式，处在非常复杂的情境中。面对社会对他们的新要求，面对学校和家长对他们的新期望，能否实现角色的顺利转变、走向社会尚未可知，这让大四学生肩负着比其他年级学生更沉重的担子。而大学生活即将结束，还没找到自己满意的工作，考研、考公务员也没有足够的把握，这样不但影响了大学生的学习，还使其就业信心受到打击，引发许多心理问题，因此，该阶段的大学生极易出现焦虑、慌张、烦恼和恐惧情绪，思想上处于不稳定期。

首先是社会方面，快速的社会变革要求毕业生具有更高的素质和学历，这让即将踏入社会的他们有些迷茫无措。其次是家庭关系方面，当代大学生大多是独生子女，在受到独宠的同时，也承载着父母望子成龙、望女成凤的期望。再次是自身知识能力和综合素质方面，当前不少大学生认为自己缺乏专业技能和社会工作经验，人际交往能力和组织管理能力也不够强，大学一晃而过，似乎什么都没学到，什么也不会，对求职的各方面都缺乏信心。最后是心理预期方面，大学生认为能体现自己价值的第一份工作一定要"高薪水、高职位、高起点"，不然就是没出息的表现，类似这样不切实际地、过高地制定目标，必然会使得毕业生在这个关键时刻要承受更大的压力。对此，结合专业课教学和毕业生的实际需要，适当调整教学内容是高校思想政治教育的有效切入点。

（2）确定目标，重燃热情。在对大四毕业生阶段性特征的综合研究中，我们能感受到大四学生由于面临着来自学校、家庭和社会各方面的压力，他们感觉到茫然与不知所措。但我们不能否认的是，大学四年，从大一年级到即将毕业，大学生的思维方式、价值观念、行为取向等都打上了鲜明的时代烙印，每个大学生的思想、信仰都发生变化，逐渐改变大一年级刚入学时那个稚嫩的梦想，个人的独特性、选择性和自主性日益明显，他们在思维上富有创新精神和开拓精神，自立意识较为强烈，十分渴望自身价值得到社会和他人的认同。因此随着毕业季的到来，大学生都在为自己的未来做准备，开始思索自己的职业规划，郑重其事地制定目标了。面对毕业去向，考研、考公务员、直接就业或创业是大学生的主要选择，一旦定下目标，他们的日常生活和行为表现就和大学前三年截然不同，以前或天真激昂或颓废无力的精神状态都开始消退，逐渐沉着冷静下来并以目标为导向做着自己认为值得的事情。立志于考研、考公务员的大学生待在图书馆疯狂地做题和默默地背书，相比过去那些毫无目的的日子，作息也逐渐规律起来。而直接就业或者创业的大学生则寻觅着一份和未来理想工作相契合的工作，也积极地参加各种社会实践活动，致力于获得各种含金量高的奖项或证书，以期能获得工作单位的青睐。总而言之，大四毕业生有迷茫和无措，但面对已经选择好的未来时，他们也有着异于平时的满腔热情和昂扬的斗志，尤其在这个竞争愈加激烈的新时代，他们表现得更加突出。

对于大四即将毕业的学生，下面这则案例对其以后的工作和学习会有一些启示。

有一个观点说，你在大学里学到的80%的知识将来是用不到的。这也许有些道理。但有一点可以肯定，当你离开大学的时候，学到的不仅仅是课本上的文字知识，更应该学到很多经验。从今往后，学习将不再是阶段性任务，而是一项终身的事业。学习改变了人类认识世界的角度和方式，学习让我们的生活变得更充实和丰富。如果没有持续的自我提升，必将被今天这个快速变化的世界所抛弃。

最近看了一个故事，在哈佛大学某栋教学楼里，一个教授对一群即将毕业的学生进行最后一次测试，测试时可以带书和笔，但不能在测试时交谈。

随后，教授发下试卷，有5道论述题。3个小时过去后，所有人连1道题都没有做出来。

测试结束后，教授语重心长地说了一番话：我只想给你们留下一个深刻的印象，即使你们已经完成了4年的学习，但关于这个学科仍然有很多东西是你们不知道的。这些你们不能回答的问题，是与每天的日常生活相联系的。你们都将通过这次测验，但是记住——哈佛的字典里没有“毕业”，即使你们现在是大学毕业生了，你们的教育也还只是刚刚开始。

这个励志故事告诉我们，不仅哈佛大学的字典里没有“毕业”，人生的字典里也没有“毕业”。

人生不仅没有毕业，而且在毕业之后要学的东西更多。我一直坚信“活到老，学到老”，所以我一直在学习。

对于在校生而言，学习只是意味着上课、做作业、考试以及完成老师布置的任务。那么，毕业之后是不是要学得更多了，也学得更有意思了呢？

毕业后工作了的同学都清楚：让你有价值的绝对不是你曾经在某所著名大学学习过这一事实，而是你拥有出色的学习能力，随时都能够应对生活中、工作中出现的新问题。学习从来都不是一劳永逸的事情，它永远都是一个过程，直到生命的最后一天才会有结果。

所以，千万不要以为“毕业”就意味着你现在具有的能力足以应对未来的人生了。

人的一生总是离不开学习，从学习的角度来说，人的一生大致可以分为大学前、大学中、大学后三个阶段。

“大学前”我们都很努力，寒窗苦读数十载，还要参加各种特长班、兴趣班等，历尽千辛万苦，我们进入了大学。

“大学中”我们都很优秀，认识了一群志同道合的朋友，我们学习专业知识，融入社团活动，收获满满喜悦。

终于来到“大学后”，在学校教育结束的那一刻，社会教育就马上开始了。能不能在社会中创造价值，能不能使人生过得更加精彩，不取决于你以前是否优秀，而取决于你今后怎样学、怎样活、怎样去适合社会、怎样去实现目标。

因此，人生就是一个不断地总结、不断地修正、不断地充实、不断地完善的学习过程。

我们缺少的不是学习的对象，而是学习的方法。

我们都听过牛顿和苹果、鲁班和锯子的故事吧。一个善于学习的人，有一双善于发现的眼睛，随时都能向身边有经验的人学习、向自己的对手学习、向更成功的人学习、向大自然学习……总有一天你会发现，在真实的世界中生存时，社会评估你是否有竞争力，不会看你在学校的成绩怎样，也不会看你有多高的学历，而是看你解决实际问题的能力。这种能力，有赖于不断地学习与思考。

所以，倘若你停止学习，满足于现在拥有的知识和技能，那也就意味着放弃了让自己进步的可能，也就意味着极有可能被社会抛弃。

人的一生，需要学习的东西太多太多，大学教会的只是极少的一部分。

要在这个世界上生存，活得有价值，我们需要不断学习知识，学会为人处事等，这些都需要我们花很多时间去掌握，所以总有人感慨人生短暂，时间不够用。

我们不应该满足于现状，而是应不断扩充知识，让自己的竞争力越来越强而不是越来越弱。

所以，不管你现在有没有毕业，都一定要记得，毕业从来都不意味着学习的结束，而是更复杂的学习的开始，我们必须要花更多时间学习谋生技能和其他新的技能，更要努力尝试一些自己从未做过的事情。

因为人生永远不会“毕业”。

（二）主体意识增强和主体需求多样

新媒体时代，大学生对未知世界充满好奇，需求也变得多样化、复杂化，而且他们追求新鲜和个性，创新意识和理解另类事物的能力较强，除了对周遭事物有了解的需求外，对于尚不认识的新奇事物也有探索的欲望。

1. 主体意识增强

（1）思维活跃，敢于表达。当下逐渐多样化的网络媒介信息对大学生成长成才的影响日益突出，并且已经融入校园文化体系中去，牢牢地占据了校园的各个角落，成为大学生增长知识、开阔视野的重要途径，对学生了解外部世界有着重要意义。在网络普及的大学校园里，大多数学生都有了个人的智能设备，其生活和行为习惯在很大程度上得到了改变。人人都可以借助自媒体进行个性表达，可以在微博、微信等社交平台上发表文字、图片、视频等信息，展示自身的生活。并且，伴随着社会发展，各种新情况、新问题、新观念都在不断涌现，相应地，大学生也在不断进行新的探索，这有利于激发大学生的主人翁意识，体现自身价值，充分彰显个性，表达诉求。因此，新时代下的大学生大多拥有相同的特质，敢于冒险，敢于尝试探索新生事物，且悟性极高，遇到问题有方法、有思路、有创意，他们朝气蓬勃、开放自信、思维活跃、理想高远，生活、学习和交往能力较强，自我管理和自我服务的能力较以往有明显提高，对于未来发展方向和当下学习规划也都有了一定的认识。

（2）具有鲜明的个性特征。大学生的家庭条件对其成长有着巨大的影响，在个人成长过程中，良好的家庭氛围和家庭关系非常重要，可以使大学生保持健康良好的心理状态，形成良好的心理品质。就目前而言，大部分大学生是独生子女，家庭条件优越，从小受两代人的溺爱，成长在集万千宠爱于一身的家庭环境中，拥有更优越的社会生活条件。大学生自身的需求大多时候都能被家人关注并满足，由此从小养成了独立自主的意识，很有主见和自信，也很希望张扬自己的独一无二。并且，在时代发展和教育理念更新的背景下，家长在下一代的教育上更加科学、民主和理性，注重孩子个体成长和个性发展。因此，新时代的大学生不再事事都听从教师和家长了，他们敢于表达独立的思想，他们倡导自由和平等、渴望成熟和独立，他们希望能够尽早得到家长、教师乃至社会的认可和尊重。但同时，由于大多数父母对孩子的学习过度关注，在物质上给予极大满足，行为上会稍有纵容，因此大学生可能容易单纯从自我的角度去理解看待某些事情，容易产生自我倾向。

2. 主体需求多样

（1）新时代下的主体需求更新。新媒体的使用为大学生打开了通往另一个世界的大门，打破了时间、地域的局限，以及传统观念的束缚，大学生的思想和行为也发生了巨大变化。不可避免地，随着新媒体的广泛流行，大学生产生了更多新的需求，学生见得越多、了解得越多，就会自发地用所见所闻来重新审视自身，由此产生一些新的贴合自身实际的需求，并有意识、有目的、有计划地调整自己的生活方式，有针对性地实现与社会接轨的需求和目标。就目前情况看，高校思政教师主要是通过课堂教学实现思政教育的，他们也主要是以社会发展的需求为依据，去决定如何培养学生正确的价值观的，但却很少有教师从学生的个性化需求出发去考虑思政教育的工作方式和内容。从新时代大学生的成长角度看，如果教育者对满足个人需要的重视不够，会影响学生对目标的确立，严重的甚至导致各种心理问题。我们应该明确的是，思政教育的对象是有实际需求、有思想的人，那么在了解学生所想所盼的基础上再去开展引导教育工作一定是个不错的方向。

（2）素质教育下的学生需求层次提升。每个现实生活中的人都会产生各种需要和欲望，但每个人的需要并不是一成不变的，个体对需要的追求是因人而异的。换言之，因每个人所处的成长环境不同、受教育程度不同，人们表现出对需要的层次要求和满足程度不同。即便是同一人，其各种需要层次在不同时期、不同的条件下也是不同的。受需求层次理论的启示，人的需要是由低层次到高层次逐级上升的，在较低层次的需要被满足以后，人自然而然地就会产生新的更高层次的需求。结合大学生群体来说，日益复杂的现代社会中常常会有不良现象发生，面对复杂陌生的环境，很多学生可能会不知所措，顾虑个人和财产的安全保障，所以对和谐的学习环境和安全知识的获得等有更为强烈的需求。基本适应大学生活，开始独立解决很多问题后，大部分学生开始关注学业是否能顺利完成、考试是否会挂科、能否拿到各种资格证书等问题，希望在这些方面得到认可，使自己因得到尊重而满足。随着大学生自主意识的明显增强，他们追求自由民主和自主完善，渴望获得一些实现自我价值并得到肯定的机会。故此，高校教育工作者应格外关注大学生在各个不同阶段的自我意识和能力，敏锐地发掘大学生的新需求。

（三）社会实践能力提升

随着年龄的增长和阅历的丰富，人的实践能力在越来越多的认识和实践活动基础上逐渐提升，特别是对于处于大学阶段的大学生来说，其生理和心理发展都基本成熟，大学学习的专业性使得他们在参与实践活动时更加注重专业化、实用性和创造性。此外，大学生即将步入社会，实践能力的高低影响着他们在求职过程中的竞争力，而且除了本职工作以外，他们还会面临更多需要自己亲身实践的事情，具备一定的适应社会的能力很有必要，多数大学生也能注意到这个问题。总体上，他们的社会实践能力是不断提升的。

1. 社会环境的影响加深

当代大学生成长在经济全球化、网络信息化的环境下，新的时代环境使他们具有新的思想行为特征，无时无刻不在影响着大学生的价值判断。并且青年大学生思维活跃，接受新事物的能力很强，正处于从未成年向成年转换的时期。同时，由于就业制度和就业方式均在发生变化，可供大学生选择的职业空间还在无限地拓宽，在承认这是发展机遇的同时，不容置疑的是，面对来自各方的期许，面对激烈的人才竞争，大学生压力倍增。他们很想去奋力竞争，但害怕失败的情绪给了他们否定的答案，因而焦虑、失落，社会环境影响和改变了大学生的思想观念。

同时也正因为时代变革，新时代的大学生对现实的理解也在变化。他们的个体意识逐渐增强，价值观念更加多元，思想前卫，个性张扬，心理需求多样，追求新鲜和独特。他们接受新事物的能力很强，新时代赋予了他们更加多元的获取信息的渠道，为他们了解社会提供了更多可能，其认知领域扩展到许多以前没有涉及的领域。总的来说，新时代主张的文化融合发展悄无声息地促使大学生形成了复杂多样的价值观念。但由于大学生的素质状况、年龄层次和家庭背景不尽相同，个人成长的过程也受时间、家庭、环境等因素的影响，因此高校思政工作者应了解大学生的成长背景，把握其成长规律，争取最大化地消除影响大学生健康成长的消极因素。

2. 实践方式多样

随着青年学生步入大学校园，大学生更加深入地接触社会、了解社会、融入社会，逐渐开阔视野、磨炼心志、丰富阅历，为正式走出校门、进入职场做好心理准备。他们逐渐跳出自我评价的思维盲点，开始结合社会和企业需要来引导自己对专业知识的深层次探索，慢慢发现个人学习水平与社会需求、个人兴趣与企业发展要求之间的差距，从而开始让校外实践成为教学内容中新的参照物，合理地评价自己的学习方式，并通过从校内实践扩展到校外实践来提升自己的实践能力。在这个过程中，就不再单单是知识学习和实践操作本身那么简单了，学生的自我保护能力、语言沟通能力、环境适应能力等都能得到很大提升。但很多学校往往更多地强调对专业知识的学习，忽略了对实践能力的培养，从而导致教学与社会脱节。新时代大学生的实践活动由校内扩展到校外，并且，大学生实践活动的方式也在改变，逐渐由线下扩展到线上。新时代背景下，大学生工学矛盾突出，参加课堂面授学习时间有限，而且学生个体学习能力差异性也较大，这使得结合学生学习特点及需求，合理利用互联网资源成为解决当前高校教育中各种难题的有力途径。目前有很多高校考虑到课程特点、学生学习需求和学习能力，除了正常的课堂教学以外，还围绕教学目标，同时兼顾线上线下两个阵地，实现两者教学优势的融通互补，相对应地，学生也争取学习的主动权，自觉地从单纯的线下学习方式逐渐扩展到线上，这对新时代大学生的学习大有裨益。一方面，大学生的创新能力和自主能力得到提升。互联网平台是一个可以把师生、课堂联系起来的中介，在对传统教学模式进行扬弃的同时，大学生可以根据自己的能力水平选择合适的实践内容，获取自己所需的知识和技能，也促进了大学生创新意识和创造能力的开发。另一方面，大学生的网络思维得以发展。互联网广泛的信息、生动的资源和高度的开放性让大学生更加积极主动地、有计划地参与线上实践，有效延伸和扩展了线下实践教学。

（四）求新求变的创新精神逐渐凸显

创新是引领发展的第一动力，是促使文化充满活力的“催化剂”。而当代大学生作为中国的未来，是我国人才队伍的后备军，当代大学生创新意识的增强和创新能力的提升对促进国家发展有着举足轻重的意义。

1. 创新意识有所增强

创新意识是一种善于独立思索，并能提出新思路，解决新问题的意识。它强调胆量决心、兴趣动机和情感意志的创新。当下人才竞争的激烈程度不断提高，大学生紧跟世界发展的潮流，适应着不断变化的社会需求，主动迎接着时代赋予的挑战，与其相适应的创新意识也在逐渐增强。

互联网作为一种有利于开阔视野的工具，帮助大学生在面对问题时不再投鼠忌器，相反，他们积极地在学习中探索求知，寻找新的方法，产生新的理论。同时，大学生处于正在成长的阶段，生活、学习等各方面必然受到来自社会、家庭、学校等环境因素的直接或间接的影响，促使大学生增强创新意识。而且，大学生处在新时代环境下，拥有良好的创新素质，能够与时俱进，不断提升自我，因此在面对问题时敢于去尝试不同的解决方法，探索精神较强。除此之外，国家、社会和学校各方面也都对大学生提升创新意识起着重要的促进作用。首先，国家高度重视且大力提倡创新创业，大学生耳濡目染，能完全感受到创新的重要性和意义；其次，许多草根创业者的成功为大学生树立了榜样，激发了大学生的热情；最后，当下处于教育改革的阶段，大学生接受了很多讲座和交流会等关于创新的教育，也参与了一些创新创业的活动，如知识竞赛、征文等，大学生在自主学习和教师的引导下也越发激起了创新热情，极大提高了对创新的认知。

总而言之，新时代背景下大学生整体的创新价值观正确。但当下便捷的知识获取方式也容易使部分大学生对网络产生依赖情绪，缺少独立思考，不求甚解，由此对坚持发展创新思维有所懈怠，这是高校思政工作者在创新教育中应格外关注的。

2. 创新能力逐渐提升

创新能力是一种依据目标任务，发挥改革创新的作用，创造性地处理问题的能力。它意味着不循规蹈矩，不故步自封，勇于抛弃旧思想、旧事物。创立新思想、新事物，对个人乃至整个社会的发展都至关重要。在人类社会发展的历史长河里会出现很多困难与挫折，涉及人的心理、生理、智力等多方面，因此成为一个有创新能力的个体不应单单只有创新的意识，只靠一腔热血，只靠创新的欲望和激情是远远不够的，还应有实实在在的创新方法和能力，并落实到行动中。只有具备了敢于面对质疑、打破权威的创新能力，才能更好地创新。

当下人才竞争激烈，具有创新能力成为高校学生在求职中脱颖而出十分重要并且关键的一点。从近年各类人才招聘中就能发现，用人单位录用的标准不仅是学习成绩优秀，各方面良好表现，更强调创新能力。从面临就业的大学生自身看，他们迫切所需的不仅仅是超强的应试能力，创新能力更加能为自己在笔试、面试考核中加分。高校是为建设创新型国家、为社会培养杰出人才的重要驱动力量，是其他教育主体所不能代替的。目前，高校为适应社会发展变化的需要，逐渐改变传统的墨守成规的教育模式，重视培养学生创新能力的人才培养方式。并且，随着知识和经验的不断积累，大学生的思维更加敏捷，想象力逐渐丰富，逻辑思维能力和创新能力也有了很大程度的发展。因而从总体上看，新时代、新环境下，大学生的创新能力呈现出逐步提高的趋势。

三、当代大学生成长的基本特征

（一）阶段性

个体的身心发展是一个从量变到质变的过程，又区分为若干连续阶段，其中不同阶段具有和其他阶段不同的特点与矛盾。如何将大学一年级到四年级的教育内容合理有序地推进，确保教育的实效性是一大问题，因此高校教育，特别是分阶段教育对大学生成长是至关重要的。如果忽视了对大学生阶段性教育的认识，就极易导致教育重心失衡，没有侧重点，这非常不利于学生健康发展。

作为弗洛伊德理论的当今代表和继承人，埃里克森提出的“人格发展阶段论”在很大程度上反映了人格从建立到发展，再到成熟的全过程，提倡人生的每个阶段都具有各自不同的目标和任务，是分阶段的，而且后一阶段目标的完成一定是建立在前期问题的解决的基础上的，存在着一定的发展规律和科学性，是不能随意跨越任何一个阶段的。一个阶段的主要矛盾若是解决，便可顺利由此进入下一阶段，个体发展也将呈现出正向态势，相反就容易出现停滞或扭曲的危机，如情绪障碍严重者甚至表现出病态人格。这一理论真实反映了人格的发展过程，把人们在成长各阶段分别具备的特点进行了通透理性的分析，对于新时代大学生的成长发展和大学教育的顺利开展都有着非常重要的推动意义。高校思政工作者只有对学生每一阶段的发展任务有了清晰的把握，分清主要和次要矛盾，才能更加准确地知道他们的需求，喜爱用什么样的方式来满足自身的需求，从而更有针对性地对新时代大学生进行教育。因此，在高校思政教育工作中，我们应顺应学生的成长规律，特别是阶段性发展规律，对学生各阶段的成长特点进行严格把握，在学生容易产生思想矛盾的阶段有侧重地、有针对地、循序渐进地引导其健康成长。

（二）主体性

为反对中世纪神学对人的蔑视，主体和主体性的思想在文艺复兴时期被提出，打破了人在神学教条下的束缚，大大地提高了人的地位，促进了人的发展。所谓主体性，大致具有以下含义：人是中心，所有人类活动都应当以人为本；人是目的，社会活动应该为人服务；人是自然的主人，人类可以而且应当通过自身的实践活动来理解、把握并利用自然规律；人是具备主观能动性的，这种能动性既指人对客观世界的认识，还指人为满足自己的需求，能创造、改造物质世界。

主体能动性是人类所特有的一种积极地认识世界和改造世界的能力。马克思主义认为，人是人类世界的创造者，既是客体又是实践的主体，不是单纯的客体，更不是消极的被动者，可以通过实践活动能动地适应世界并改造世界，最终获得自我的自由与解放。同时需要注意的是，我们说的“主体”不是说任何一个人都可以是，而必须是在认识和实践活动中体现出来的主体性。简单说，就是既要具有一定的主体能力，即思维能力和行为能力，又要是正在从事实实在在的社会实践活动的，具有自主能动性的人才能成为实践的主体。实践是人的存在方式，这句话很能直接地说明问题，只有“实践”了的“主体”才是真正意义上的主体，人之所以为人，是在具有的“主体性”和“实践性”相互作用下产生的结果。

反映到当代大学生成长过程中，大学生作为有能力发挥主体能动性的个人，毋庸置疑具有主体性，他们在校内外的一切认识、实践活动都是有目的、有计划的主体活动。归根到底，思想政治工作以人为核心，要达到良好的教育效果，教育者不仅要发挥自身的主导作用，直面学生，关注并适应教育对象的客观实际和发展规律，最重要的是要尊重他们的主体性，让他们充分地彰显主体地位，进而能够积极主动地接受教育内容。在此过程中，教师一定要把学生当作有血有肉、有人格尊严和情绪体验的主体来对待，与学生和谐地交流情感，让他们切实感受到自己所受到的人文关怀和个性的尊重。但与此同时，主体性是有限的、相对的，过度地宣扬主体性也会导致不良后果，例如个人主义倾向以及人不可遏制的种种欲望，这需要高校工作者把握好适度原则，拿捏好发挥学生主体性的度。

（三）社会性

马克思主义哲学认为，联系是普遍的，任何事物都应当和其他的事物处于联系之中，而不能孤立存在，并在这一观点的支撑下提出了人“不是单个人所固有的抽象物，在其现实性上，是一切社会关系的总和”的理论，指出在人具有的自然属性和社会属性两种属性中，人的本质属性应当是社会属性。言外之意，脱离了社会的、纯粹抽象的人不算是真正意义上的人。社会不是多个人的简单相加，而是一张表现在政治、经济、文化等不同层面的更加复杂的关系网，并且这张网是在各种社会关系联结的基础上构成的，人们身处这些复杂的关系之中就不可避免地会受到这些关系的影响的制约。正如没有经历社会化过程的、没有完整社会关系的“狼孩”，其脱离了社会，从哲学意义上说并不能算作真正的人。综上，社会性是指作为社会一员的生物个体在其认识、实践活动中呈现出来的不能脱离社会孤立生存发展的一种特性。人们处在这个遍布社会关系的社会环境中，随着生产力与社会矛盾的不断变化，其思想行为与价值认知也在发生变化。不同的社会关系条件下，社会关系的差别可能会导致人的差别，即使在相同历史条件的不同发展阶段也是如此，因为人们参与的具体生产实践不同，因此人们交往形成的特定社会关系也就不同。

具体到大学生这个群体，高校思政工作的开展是和社会环境密切关联的，它的教育对象即大学生个体作为“社会关系的总和”自然也是无时无刻不在受着校内文化和社会环境的影响的，离不开社会。当前新媒体在自媒体的推动下，为人们提供了充斥在四周的最新奇、最全面的信息，但对于大学生来说，他们的思想价值观念还没有完全定型，还怀揣着对新事物明显的好奇心理，这种种不确定因素的叠加效应会使得主体发展方向扑朔迷离、难以预知。所以面对如此复杂的社会环境，高校教育工作者一定要对学生所能接触到的环境给予高度的关注，以便于尽可能地为给大学生成长成才提供所需的充足优质的资源和适宜的条件创设良好的外部环境，使得高校思政工作能够更加顺利地进行。

（四）时代性

时代是指历史上以经济、政治、文化等状况为依据而划分的某个时期。反映到思想理论中，如果要想让某个思想理论始终具有生命力和发展前景，就必须将它与时代的发展保持一致，也就是说，能够准确反映当下的时代特征，正确合理地回答时代提出的新问题，并随着时代的前进而不断补充完善和创新的思想理论才是好的理论。就像学者们对马克思主义的发展一样，列宁主义、毛泽东思想和中国特色社会主义理论体系都是以各国的具体实际为依据，同时响应时代发展召唤的科学的理论成果。当然，体现时代性、与时俱进的理论前提一定是站在马克思主义辩证唯物主义和历史唯物主义的立场上，运用相应的观点和方法、实事求是地分析当今世界的局势和中国的实际，一切从实际出发，并依托实践的检验不断纠正不当的认识。只有这样，我们才能更加明白时代所期、社会所盼，才能不断加深对自然、社会以及思维规律的认识并将其运用于实际。

随着时代的发展，一切事物都在无条件、绝对的运动变化发展，高校思想政治教育作为一个有序运行的系统，其内部各要素也一样在不断地发展变化。受贝塔朗菲一般系统论所坚持的动态性原则的启示，我们应在系统变化的同时注意分析事物运动的规律，探析系统内部各个要素之间产生的联动关系，并借助适当的方式维持系统平衡。同理，高校思政教育也必须体现与时俱进的时代性，在时代发展的同时也应注意影响和制约高校思想政治教育这个系统运作的各个要素的变化，并适时地进行调整，这就需要我们适时解放思想、更新观念，不断改进教育方法、完善教育手段。而且由于当代大学生的个性特征比较突出，我们理应对他们的各方面素质状况进行调查研究，了解他们的思想状况，遵循大学生成长的客观规律，以便在教育中科学有效地规范教育对象的思想和行为，解决出现的问题。我们只有整体把握了时代发展的特征，并善于运用时代赋予我们的有效资源，才能更加游刃有余地实现高校思政教育系统内部各要素的优化组合，促进该系统的整体功能得以最大化发挥。

第二节　大学生成长之注重心理健康

一、增强大学生的自我效能感

自我效能感是一种自我把握感和控制感，往往是大学生实现目标必要的心理条件和动力因素。当代大学生的心理问题主要表现在行为选择、动机性努力、认知过程及情感过程等方面，所以有必要增强大学生的自我效能感。社会学习理论的创始人班杜拉认为自我效能感的影响因素包括体验成功、榜样模仿、社会说服、生理和心理唤醒四个方面。

（一）体验成功

高校可以根据现实条件，引导大学生制定在校期间的各类阶段式目标和阶梯式计划表，并支持其执行，在达成目标的过程中使学生反复体验成功；鼓励大学生回忆以往的成功经验；创造自主空间，激励大学生做自己感兴趣和擅长的事情，从中体验更多成功；创建大学生实践平台，积极抓住校地合作与校企合作的契机，通过社团活动、志愿活动、团体活动、校内外兼职以及工作实习等活动，进而丰富大学生成功的经历；营造积极向上的校园文化氛围，提供知识积累、技能培养以及就业创业等方面的指导，为大学生获得成功创造有利条件。

（二）榜样模仿

高校要善于发现、培养和宣传校园内的先进个人和集体，全方位、立体化、纵深化地讲述他们的成功经历，使大学生从中得到启迪；可以邀请优秀毕业生、老校友和社会知名人士，通过传授、指导、帮助等途径提供大量实际经验，鼓励大学生有选择地学习；积极发挥榜样示范作用，激励大学生追求卓越、奋发图强和努力工作，增强自我效能感。

（三）社会说服

鼓励教育工作者多采用积极的语言，经常对学生进行个性化辅导与交流，激发学生内心的正能量；邀请成功人士和可敬之人，对学生进行暗示评价和精神感染，可以帮助学生获得成功的信心。

（四）生理和心理唤醒

高校要营造平和、愉悦和轻松的校园氛围，提供心理辅导，促进学生形成良好的心理状态；帮助学生进行归因，描绘成功愿景，以增强成就动力，唤起大学生的积极心理。

二、使大学生树立希望

希望作为大学生成长并实现目标的推动力，使大学生面临生活压力与逆境时拥有实现目标的决心、勇气和信心，并能以积极的心态、恰当的行为、灵活的方法来解决问题。方向正确、目标实在、符合实际的规划有助于大学生充分认识个人的心理倾向、价值观、能力及发展的优劣势。帮助大学生做好学业、职业和人生规划，这对大学生今后发展有着十分重要的意义。树立希望主要有三种策略，即目标设计、确定实现目标的途径以及应对困难和障碍。

（一）目标设计

在自我认知和环境分析的基础上，遵循人生观、理想和信念来设计目标；鼓励追求有挑战性和创造性的愿景，激发大学生的潜能和动力。

（二）确定实现目标的途径

分别制定长期、中期和短期目标，再将各阶段的目标分解为多个子目标，阶梯式目标既可减少盲目性，又能增强目标的可控性和灵活性；分析目标实现的可行性、可测量性和可管理性；根据目标实现的条件，探索尽可能多的方法并选择最优方案，由此制订相应的计划；重视体验奋斗的过程，能享受其间的乐趣，而不是只关注结果。

（三）应对困难和障碍

鼓励大学生制订克服困难的计划并付诸行动；做好应对困难的心理准备，并下定决心百折不挠；设想实现目标过程中可能会出现的问题；准备好在预定方案无效或不可行时，应该采取的替代方案；准备好在目标受阻时，目标调整的策略。

三、培养大学生的乐观精神

乐观精神并不是与生俱来的，是可以后天有效引导和开发的心理资源。乐观精神不仅可以促使大学生积极面对挫折，还有利于开阔视野以及发展良好的人际关系。乐观心态是大学生健康成长、实现自我并走向成功的基石。然而，随着社会竞争不断加剧，加之传统教育中乐观培养的缺失和自身归因方式不当，部分大学生不能拥有乐观的心态。因此，乐观精神的培养对大学生积极地面对未来的工作与生活是非常必要的。

（一）包容过去，欣赏现在

1. 树立自信

对于可控的因素，采用问题解决的应对方式，尽可能做有利的分析判断，并发挥主观能动性，消除障碍和压力源；对于不可控的因素，要站在积极的视角，接受现实，勇敢面对失败与挫折，对当前的不利局面进行积极判断和重组。

世界是缤纷多彩的，我们每一个人都是独特的存在，没有必要因为别人的独特而感到自卑。所谓尺有所短，寸有所长，我们每个人都有发光发亮的地方，对于任何事情，我们都应该保持平和的心态。相信自己，每个人都是颜色不一样的烟火。

现实中，每个人都会遇到烦恼，很多时候这些烦恼都源自内心的不自信，在内心对自己的不肯定越来越多，就会产生自卑心理。

要知道，很多东西我们根本没得选择，根本没办法左右。比如出身，比如贫困，比如长相。但我们能做的，就是不断努力。

汉太祖刘邦出身农家；明太祖朱元璋放过牛，当过乞丐。还有很多草根明星，他们出身平凡，却凭借自身的努力脱颖而出，完成逆袭。可见，出身不是影响人生命运的决定性因素。

贫穷不是你的错，更不是父母的错。

有些同学认为自己很穷，以至于乡下来的父母来校探望都躲着，生怕同学们看到自己的父母的样子会看不起自己。可你想过没有，没有乡下的父母，在这世上怎么会有自己？没有乡下的父母，自己会在这里读书？为什么不敢面对事实呢？比尔·盖茨说过，你一生下来就很贫穷不是你的错，但是你直到死还很贫穷这就是你的错了。这说明贫穷也不会是永远的，我们可以通过努力去改变。

相貌丑就更不是你的错了。

说到丑，唐代有个诗人叫李贺，有“诗鬼”之称，之所以有此称号，不光是指他的诗经常应用神话传说来托古寓今，还因为他长得丑。

《巴童答》中称：“巨鼻宜山褐，庞眉入苦吟。”《新唐书》中称：“为人纤瘦，通眉，长指爪，能疾书。”可以想象其丑陋容貌。但李贺依然人气很高，与李白、杜甫齐名。晚唐还有一个诗人温庭筠，被尊为“花间词派”鼻祖。听名字我以为是帅哥，其实他形貌奇丑，被称为“温钟馗”。但这依然不能阻止温庭筠在文学上的造诣精深，他在文学史上大放光辉，名垂千古。

事实上，每个人的心态不同，感受也就不同，人生的态度也不同。每个人都有自卑的一面，因为人不可能处处比别人好，各人有各人的长处和优点。

其实看清楚了这一点，人就不应该自卑。

自卑感强的人，通常会表现出高度敏感。比如要求别人对自己照顾较多，一旦对自己稍有怠慢，就觉得这是对自己的一种蔑视。比如约会时对方迟到了一会儿，或者对方突然有事更改了时间，他就觉得自己在别人的心目中是无足轻重的。别人的一个毫无恶意的玩笑，他也会觉得深深地刺痛了他，于是很长时间闷闷不乐。

一个人要树立自信心，总得有所依凭。

有的人凭天生好看的外表，有的人凭良好的家境，有人凭这两点而找到一个漂亮的女友或帅气的男友，而这些不过是外在的，往往只能满足一时的虚荣心，真正的、长久的发自内心的自信应该源于自身的修养、自身的实力。

一个人的修养、实力不是天生的，这是每个人通过努力树立自信的最好途径。当你多读一本书，说到某个知识，别人不知道而你知道时，你会自信。

在我们内心的能量场中，自信与自卑是此消彼长的。如果让自卑占了上风，就会释放出消极悲观的能量，让你觉得人生暗淡无光；相反，当自信占上风时，就会辐射出积极乐观的能量，让你觉得人生一片光明。

自信是跨越自卑、战胜自卑的有力武器。

摆脱自卑，树立自信，不妨从现在开始。给自己制定一个最近的目标，比如进入考试周，让自己所有的科目都通过，这不是件难事吧，相信自己能行的。

只有当你通过努力达到自己的预定目标时，你才会获得自信，你才会很快乐，你会发现整个世界都会因你而变得美好。

2. 学会感恩

回望过往，生活的琐碎稀松平常，遇事你也总以“来日方长”推辞。殊不知时间无情，你若稍一犹豫，它便定下终局。感恩亦是如此。当下不以为意的托词，兴许便是日后追悔莫及的后会无期。感恩，不妨就在当下。

小时候，我们说等长大了要报答父母；读书时，我们说等成才了要感恩老师；工作后，我们说等立业了要回馈社会……

多少人都曾在心底默默许愿，等待来日方长，等待功成名就，等待水到渠成，再去知恩图报。殊不知时间的无情、人生的短暂以及世事的无常，经常会让感恩的愿望成为一张空头支票，无法兑现。

其实，感恩无须等待，感恩亦没有多少。

感恩只是一个行动，一种默契……感恩，不妨就在当下。

感恩当下能少一些遗憾。

有一些事情，在我们年轻的时候无法懂得，当我们懂得的时候已不再年轻。世上有些东西可以弥补，有些东西却再无法追偿。

经常会听到这样的感慨，“早知如此，就应该多陪陪他们，尽尽孝心，哪怕只是聊聊天、说说话”；也不时能听到这样的忏悔，“其实早就应来表达谢意了，总是觉得时机不够成熟，做得还不够好，如今却没有机会了”。殊不知，人世间最难兑现的就是感恩，感恩源于情感的真实流露，而情感如水，是稍纵即逝的眷恋，亦是无法重现的幸福；是一失足成千古恨的往事，亦是生命与生命交接处的链条，一旦断裂，永无连接。让我们及时行动起来，感恩对方，表达谢意；让我们孝敬父母，对父母说声“我爱你们，我一定要好好照顾你们，报答你们"。

别等到明天再说，别等到长大再说，也别等自己有钱了，再给父母他们想要的一切。明天，毕竟是个未知数。

感恩当下会多一点和谐。

当我们投入工作与生活，我们除了拥有各种技能外，更重要的，是拥有一颗仁爱的心，才能体会并传递感恩。一个懂得感恩的人是敏感的，这种敏感是能体会别人的感觉，体会鸟儿、花朵及树木的感觉，一旦处于这深切的敏感之中，会自然产生不想伤害任何人、任何事物的渴望——也就是具有真正的尊重与爱的能力。

生命是一段旅程，以感恩的心去面对，你将看到最美的风景；生活是一面镜子，你笑它也笑，你哭它也哭。感恩就在每个当下发生，你所感受到的外在世界是由你的内心投射出来的，同样一件事，你看它是丑的，它便是丑的，你看它是美的，它就是美的。

所以，请在每一天，不愤怒、不担心，并心存感恩，和善地对待他人。

感恩当下要有勇气。

对父母来说，感恩不仅是我们长大成人后，逢年过节给父母送份礼物、买件衣服、吃顿大餐这么简单，更重要的是在我们成长的路上懂得孝顺父母，不给父母添麻烦，为父母争气。

对于老师，感恩不仅是毕业成才后回馈母校、捐钱捐物，更是要在学习的路上，懂得老师的教诲，理解老师的付出，将感恩化作内在动力，感召同学，乐于奉献。

对社会来说，感恩并非要求每个人都能做出惊天动地的大事，创造财富去回馈社会，它更多地需要我们少一点报怨，多一点担当，即使是件微不足道的小事也能增添社会温暖——感恩是一种生活态度，是一种美德，更是一句句肺腑之言。

如果人与人之间缺少感恩之心，必然导致人际关系冷淡、社会情绪不满，所以我们要有勇气从现在做起，从小事做起，学会感恩。

人生如梦，岁月无情。感恩生活，珍惜眼前，生命的意义即在当下。逝者已矣，来者不可追，如果我们一味留恋过去，憧憬未来，不反求当下，那我们就永远碰触不到生命的脉动。

对酒当歌，人生几何？坦荡地活在当下，静心体验生命的每一时刻，感恩每一时刻；努力改变心态，调整心情；学会平静接受现实，坦然面对生活，积极对待人生……

就让我们好好把握当下，心存感恩，过好每一天，让我们的每一天都充满激情，充满活力。

所以，请感恩养育你的人吧，因为他给予了你生命；感恩教育你的人吧，因为他丰富了你的心灵；感恩伤害你的人吧，因为他磨炼了你的意志；感恩欺骗你的人吧，因为他唤醒了你的良知；感恩批评你的人吧，因为他开阔了你的心胸。感恩，就在此刻，让我们从心做起！

下面案例是一个大学生讲述的关于父爱的故事。

父母大抵是这世上最记挂你的人了，或许他们的不善言辞使你未曾察觉，或许他们的琐碎絮叨让你心生厌烦，可他们对你的爱却始终不变。“鸦有反哺之义，羊知跪乳之恩”，人也应有尽孝之念。

我们常常埋怨父母不够爱自己，其实是太过于以自我为中心罢了，也许父母不会表达，也许父母太过啰唆，甚至跟你的观点完全对立，但每个爱你的人，都有他爱你的方式。

还记得才过去不久的“双十一”吗？大家纷纷剁手。

而我从来赶不上潮流的亲爹居然也参与了这一年一度的剁手活动。我爸是个什么样的人？

他是一个自己满心欢喜地跑去买了个苹果手机却因为用不惯IOS系统成天给我打电话抱怨苹果手机不好用的上了岁数的人。

刚买手机的那段时间，他几乎是每天打十几个电话问我一些我都不知道该怎么回答的问题。

比如说，在哪里换壁纸啊？打电话声音好小怎么调啊？我只好用我的手机截屏，一步一步告诉他。

我还常常跟他开玩笑：“爸，你买个新手机简直是给我买了个麻烦！”

“双十一”后的某天，我接到了快递小哥的电话。“同学，你写的这个地址我们没办法给你送货啊？”我表示很惊讶：“什么地址没办法送啊？我以前用的这个地址都挺好的啊！”

“同学，你写的这个地址真的没办法给你送。你说你住哪，我给你送吧。”我只好疑惑地将地址发给了快递小哥，等待着神秘包裹的到来。

包裹到来的那一天，我算是明白了快递小哥的苦衷。

包裹上的地址是这样写的：“湖北省宜昌市三峡大学大二年级环境二班某某收。”看到这个地址，我跟我的室友真是哭笑不得。

这个寄快递的人居然连我学院的名字都不知道。

打开快递的那一刻我就知道这个东西是谁给我买的了。包裹内是一个吹风机。

我突然想起来前几天我爸给我打电话时，他兴奋地告诉我“双十一”的时候他给我买了一个负离子的吹风机，因为我平常总是向我爸抱怨我的发质不好，头发干枯易打结。我爸像一个技术控一般疯狂地跟我解释负离子吹风机和一般的吹风机有什么不同，他说今后我用了这个吹风机发质会越来越好。

有时候我觉得我爸真的容易被忽悠，哪能因为用了一个负离子吹风机发质就变好？我觉得他的这波广告说得我都要信了。

我爸越来越像一个小孩子，什么都愿意相信。

我打电话给他：“爸，你给我买的吹风机到了！你怎么连我在哪里上学都不知道啊？”“我知道啊，我写的是三峡大学啊！”

“可是我是水利与环境学院啊！”

“哎哟，你的专业不是环境吗？我哪能记得那么清楚。”

“……”

他年轻时染着夸张的黄发，穿着皮夹外套，从内到外散发着去不掉的痞里痞气，但现在他只是一个剔着小平头，身材走样，着装不管好看只管保暖的普通中年人。我不知道是不是每个人的父亲都跟我的父亲一样，如果女儿的头发不好他首先想到的是换吹风机而不是换洗发水。他可能不记得我读的是什么专业，但是他在“双十一”大减价时想到的第一个人就是我。

每个爱你的人，都有他爱你的方式，一种我们可以真真切切感受到的方式。他们可能不在意你的成绩，但在意你的身体；可能记不住你的生日，但记得让你吃早餐。

我们是不是该好好反省？

其实我们也可以做到不在意他们的生日却在意他们的感受，不在意他们给了我们多少却在意他们的身体，不仅仅是要记得在过节的时候给他们打电话，更要在有空的时候常常跟他们联系，毕竟他们总牵挂着我们。

爱不需要回报，但需要回应。

我们的回应总是给他们很大的幸福感。

写到这里，我就打算在“双十二”给我爸买个增高鞋垫，因为他总觉得自己矮，我要给他点自信。

马上要到“双十二”了，于是就想起来“双十一”的时候我爸给我买的一大堆礼物。爱总是无声的，尤其是来自父母的爱。大学之后离父母越来越远的我们在慢慢长大，走向成熟，而父母却慢慢走向衰老，变得孤独。龙应台的《目送》里说：“他用背影默默告诉你：不必追。”而我想说的是，其实我们可以挽着他们的手臂，陪着他们往前走。

（二）展望未来

人生的魅力在于未知，未知使人生充满了无限可能，等待人们去创造。要将未来的不确定性看作人生发展和创造的契机，尽可能地发掘自身的潜力，积极地面对挑战。

虽然我们脚下的道路已成定局，但是我们可以选择如何走过这段无法避免的路。我们可以选择浑浑噩噩地走过这条必经的道路，接着给人生留下无尽的悔恨；同时我们也可以选择积极上进地度过这段难忘的时光，让生命更加多姿多彩。脚下的道路只是一个工具，而过路的方式决定了我们人生的走向。

下面是一个高考失利学生的自述，面对高考失利，他依然坚信“无法选择脚下的路，但过路的方式可以自己选择”，勇敢地展望未来。

高考失利的我，来到了一所双非院校，虽然很多人觉得不错，但是倔强的我仍然想要得到更好的。

我永远忘不了那一天，刚到学校，看着许多学长学姐带着新来的学弟学妹去各自的宿舍，看着陌生的校园、陌生的人，呼吸着离家千里略带土腥的空气，我拉着行李箱，跟在学姐身后走向宿舍楼。路上我低着头，踢着脚下的石子，不说话。

学姐看着我，问：“是不是不喜欢这个学校？”

我没有说话，她继续说：“刚开始来的时候，我也不喜欢这个学校，但是一段时间以后我才适应，我的分数不算太好也不算太差，就和这个学校差不多。但是既然来了，除非现在走，不然你还是要在这里学四年，虽然上不了超一流的大学，但是你可以学成超一流。”

说完学姐拐弯了，没有走向宿舍楼，而是换了一个方向，她让我看到了这里依旧有很多优秀的人。不管愿不愿意，新的生活终究要开始。

拿着新书，去新的教室，去学习新的知识，每一天都是新的。

后来看到学生会招新，我迷茫了。究竟是像大部分人那样除了上课就是躺在宿舍，还是选择自己想要的生活。

良久，我决定选择不一样的生活。

我报名参加了学生会。从面试到第一次参加例会，中间经历了很多。从那以后，我每天待在宿舍的时候很少，经常去图书馆和操场。当大一结束的时候，我瘦了二十多斤。

我读大二的时候，学姐读大三。

当人有了目标以后，自然也会拥有前进的动力。

学姐把三年都献给了那个未完成的梦想，而我也是想证明给所有人看：我想，我就行。努力，什么时候都不晚，只要有幡然醒悟的那一天，就会有成功的那一刻。2017 年的那个暑假，一个农民工在河南省实验中学的黑板上写了这样一句话：不奋斗，如何让你的脚步跟上父母老去的速度；不奋斗，世界这么大你靠什么去看看；不奋斗，你的才华如何配得上你的任性。

学姐在给我的书里也写了这样一句话：当你走进这个校门的时候，你脚下的路都是新的，只要每一步都走得坚定、不后悔，就能走出一条路通往你想要的未来。

正是这些东西，支撑着我度过了那一个个夜晚。

从大一的学生会干事，到大二的部长，这一切都沉在了那条小路上。星光不问赶路人，时光不负有心人。

2018 年我大三，学姐大四，她放弃了保送的机会，选择参加研究生考试。

我曾经问过她为什么，她说我努力就是为了它，不试一试真的不甘心，失败了大不了再来一年，但是不试，可能会后悔一辈子。

后来，接到学姐的电话，去找她，她喝醉了。我认识她三年，第一次见她这样。那天，她和我说了好多，多到仿佛她四年没有跟人有过交流一样。

几乎都是她在说，我只是静静地听着，其间我只是问了一句："值得吗？"

她沉默了一会儿，说道："值。这是我自己的选择，也是我自己的路。我曾经也迷茫过，但是没有放弃过。"

三年了，我也迷茫过，甚至想过放弃，但是我还是坚持住了，因为我不能放弃，一旦放弃，再想坚持就难了。

我和她聊了一夜，聊了大学四年，聊了高中三年，聊了好多。

第二天，我回到学校继续学习，继续走那条属于我的路，不管它是否好走，我都要去试试。

时光飞逝，我也在一步步地靠近目标。这是一个痛苦的过程。

所有让你变好的选择、过程都不会太舒服。没有人能躺着得到全天下，唯有上马纵横，才能驰骋人生。

也许有的人觉得这又是一大锅鸡汤，而且熬得还不太好，但是有些生活总是有人在经历，你看到的优秀背后都有你看不见的努力，每一个梦想都值得尊重。

愿大家都忠于自己，手握一个想要的未来。

（三）学习积极心理学，拥有乐观的心态

大学生遭遇挫折时，可通过积极的自我暗示、幽默、升华、补偿、文饰及合理宣泄等方式应对；积极行为也可促进乐观的形成，如走路抬头挺胸、沟通中多使用正面的言语、学习和工作时要精神饱满等。

四、提高大学生的韧性水平

韧性是大学生维持和谐的心理状态的基础，是健康成长和自我实现的前提。高韧性的大学生能够积极地调动个人资源，获得更多的社会支持。提高大学生的韧性水平的措施如下。

（一）规避风险

高校应分别从认知学习、能力培养、人际关系、身心健康和职业发展等多方面进行辅导，每个方面均需配备反面的案例，引导大学生预测目标实现过程中可能会遇到的障碍，并制定出相应的规避或克服方案，促进目标的顺利实现。

（二）增加资源

高校应鼓励大学生正确认识自己的内在力量，充分利用自己拥有的个人资源，如知识、能力、经验和人际关系等；协助大学生建立广泛的支持体系，这对于大学生应对挫折、摆脱消极情绪具有非常重要的作用。

（三）调整心态

高校应帮助大学生认识并反思自己在面对挫折时的想法、情绪和表现，并采取有效的应对方式来摆脱逆境，达成目标；通过挫折教育、心理辅导、心理干预等方式培养大学生的积极心理，并传授其应对逆境所必需的知识、方法和技巧；为大学生在学习、生活、业余活动中提供更多的机会，使他们从成功体验中得到肯定和激励，在逆境中磨炼毅力，正确对待荣誉、挫折和压力，不断提高心理调适能力。

第三节　大学生成长之树立文化自信

一、树立文化自信对大学生成长的意义

（一）强化大学生的历史认同

文化自信，是一个国家、一个民族、一个政党对自身文化价值的充分肯定，对自身文化生命力的坚定信念。形成文化自信的前提是认识主体对自身（民族或国家）文化的认同和信任，而文化是人类在社会历史发展过程中所创造的物质财富和精神财富的总和（特指精神财富）。文化是对人类文明的真实记录，人类是通过文化来感知历史的，并通过文化传承着人类的历史文明，使文化成为人类的血脉。对文化的自信，既包含对自身（民族或国家）文化的价值和文化历史的充分认同和珍惜，也包含着对自身（民族或国家）文化生命力所持有的坚定信心，以及对文化中所蕴含的核心价值观的尊奉和坚守。

当前经济全球化导致了多元文化冲击，社会巨变导致了认同危机，网络新兴媒体的广泛介入，使传统认同教育面临严峻的危机感。其中的一个重要原因，就是历史虚无主义在从中作祟。历史虚无主义故意采取淡忘主流、选择性失明的方式，别有用心地放大支流，碎片化、庸俗化地解读历史，误导、欺骗受众，扰乱视听。历史是什么？历史是“自然界和人类社会的发展过程或过去的事实”，是对人类社会发展过程中所发生的客观事实的真实记录。正如习近平所说，“历史就是历史，历史不能任意选择，一个民族的历史是一个民族安身立命的基础”。“忘记过去就意味着背叛”始终警示着我们不能忘记历史，更不容肆意篡改和颠倒、扭曲历史。若任由历史虚无主义泛滥，将会导致一些大学生对中华民族历史的认同错位，对中华传统文化的认同不足。

建立文化自信，从文化视角所形成的历史认知，能够更好地帮助大学生领悟博大精深的中华文化虽历经磨难却从未中辍的深层原因。通过对中华文化的认同，从历史中寻根，形成对中华民族历史的真正认同；用文化凝魂，形成坚定的“四个自信”；凭自信发力，获取前进的精神动力。

（二）增强大学生的民族自豪感

在经济全球化的背景下，西方文化及各种思潮伴随着西方的先进技术和发达经济一起涌入国内，极大地冲击着中国传统文化。一些非马克思主义的价值观、生活观和文艺作品充斥着各个领域，一些极力美化西方社会制度、民主制度、

政党制度的思潮对大学生产生了恶劣的影响。它们侵蚀着大学生的思想，使中国优秀民族文化的认同与传承遭遇到了极其严重的危机。在西方文化的强烈冲击下，部分青年不能理性对待民族文化，没有看到其积极因素，过分地关注中国文化中的负面因素，把中国近代的落后和当代的社会问题完全归结于中国文化，错误地认为经济发达、技术先进就一定代表着文化的先进，不自觉地盲目推崇和仿效西方文化及西方生活方式，甚至贬低和疏远曾经养育了自己的中华传统文化，出现对传统民族文化的虚无主义现象和崇洋心理，不同程度地消解着大学生对中华传统文化的认同感，也极大地影响了他们的民族自豪感。

有比较才能有鉴别。培育大学生的文化自信，既不是对中华传统文化的一味接受，也不是对西方文化的全盘否定，而是基于历史和事实的理性思考和选择，进而在比较中分清先进与落后、精华与糟粕，在比较中建立自信。中国是一个有几千年文化传统的民族，是一个蕴藏并积蓄了几千年文明内在力量的民族，是一个在近代饱受侵略和掠夺，积蓄着追求民族复兴、追求民富国强强大力量的民族。能够传承至今的文化，必然是优秀的文化，是文化中的精华。中华优秀传统文化中蕴含着丰富的营养和强大的精神动力，培养大学生对中华文化的认同感，能够通过对成熟文化心态的培育，使大学生真切地感受到中华传统文化的魅力，增强大学生对主流意识形态和中华优秀传统文化的认同。用理性的文化自信，不断提高大学生的文化认知能力和辨别力以及对消极、腐朽、反动文化的抵御能力，使大学生从中华文化中获取精神能量，不断增强信心。文化的魅力在于凝神、鼓劲，由文化自信所形成的自信，是发自内心、充满激情、有着强大底气的，能够帮助大学生消除一切消极因素的影响，进而激发和增强大学生的民族自豪感和使命感。

由文化自信所形成的心理认同，能够使大学生找到自己的心理归属和精神支撑，同时学会以包容的心态看待和学习人类的一切优秀文化成果；以文化自信所形成的健康心态，能够有效地消解一切因文化差异和认识迷茫所造成的心理不适和焦虑，走出困惑。

（三）坚定大学生的理想信念

理想是人们对未来事物的有根据、合理的想象或希望，是人们的世界观、人生观和价值观在奋斗目标上的集中体现。信念则是人们自己认为可以确信的看法，是一种对某种思想或事物身体力行的心理态度和精神状态。如果说理想是人们为自己所规划出的可行的人生奋斗目标，那么信念就是支撑人们坚持不懈地朝着自己理想努力争取的信心和决心。古今中外，凡成大事者皆有志、能成大事者必有恒。理想与信念总是相伴而行，缺一不可，仅有理想而没有信念的支撑，再好的理想都可能会因意志不坚而中途夭折。因此说理想信念是人们对未来的向往和追求，是人生发展的内在动力。坚定的理想信念，是人生奋斗的精神支撑和动力之源，体现着人的德行、胸怀、情趣、追求和毅力，是事业成功的关键。邓小平曾说过："过去我们党无论怎样弱小，无论遇到什么困难，一直有强大的战斗力，因为我们有马克思主义和共产主义信念"。换言之，无论是个人的发展，还是政党、国家（民族）的事业发展，都离不开理想信念的支撑。

大学生是中国特色社会主义事业的生力军，他们是否具有坚定的理想信念，既关系着个人的发展，又关系着国家的前途和命运。然而，随着西方文化思潮的涌入，一些大学生逐渐弱化对文化的认同，参与意识日趋淡化。在部分大学生中存在着文化缺失现象，这种现象导致部分大学生出现有知识没文化、有技艺没灵魂、有智力没情怀等问题，所产生的负面影响不容忽视，会直接影响到大学生世界观和人生观的形成，影响到大学生理想信念的确立。面对严峻的现实形势，大学作为传播先进文化的重要场所，有责任用先进的理论教育青年、用先进的文化陶冶青年，把培育大学生的文化自信作为大学生思想政治教育的一项重要任务，通过建立文化自信，引导和帮助大学生树立坚定的理想信念。

1. 坚定文化意志

大学生应树立正确的价值观，做有信仰的人。青年处在价值观形成和确立的时期，抓好这一时期的价值观养成十分重要。这就像穿衣服扣扣子一样，如果第一颗扣子扣错了，剩余的扣子都会扣错。人生的扣子从一开始就要扣好。

新时代条件下，大学生也应该懂一些马克思主义的哲学，树立正确的价值观，要深刻领会习近平总书记新时代中国特色社会主义思想的深刻内涵，懂得新时代中国特色社会主义思想所体现的伟大哲学思想、价值意义，要努力做到坚持解放思想、实事求是、与时俱进、求真务实，坚持辩证唯物主义和历史唯物主义的统一，用正确的价值观念引领大学生走出纠结、迷茫、怯弱、恐惧的旋涡，战胜困难，从而成就自我。新时代条件下，大学生要有信仰，一个民族、一个政党更要有自己的哲学。正如习近平总书记所说，"人民有信仰，民族有希望，国家有力量"。

2. 坚定文化信念

一些大学生认为"国外的月亮比国内圆"，认为只要是国外进口的就是好的，因此不惜大费周折从国外带回吃的、穿的、用的，海外购、代购对大学生来说并不陌生。然而现实中我们应该看到的是国外一些我们膜拜的顶级品牌频频查出质量问题，不仅损害了我们的正当利益，也造成了远隔千山万水不好维权的窘境，反倒是我们一些国产的日用品、护肤品、化妆品等不仅价格优惠而且非常适合我们国人的体质特点，堪称物美价廉。还有一些大学生崇拜国外的节日，情人节、圣诞节、万圣节、感恩节逢节必过，但是对这些节日了解得并不多，大部分大学生都只是在跟风，赶时髦。大学时期是我们学习的黄金时期，大学生应该把更多的时间用在刻苦钻研学科知识、探求自己的学术上。我们的幸福生活来之不易，殊不知你的轻松是有人替你负重前行，我们要做有理想、有抱负的新时代青年，努力学习，刻苦钻研，在祖国这片大好河山上挥洒自己的热血，放飞自己的梦想，用自己的所学回报社会、反哺家庭。因此，大学生应辩证对待外来文化，不要全盘吸收，要鉴别有方、合理扬弃，取其精华，弃其糟粕。

3. 践行文化自信行为

有人说，在经济全球化时代，民族文化可能遭受的伤害，不仅来自外部的冲击，也来自内部的自我贬低、自我放弃。还有人说，一个民族不管有多么博大精深的文化，关键在你手里还剩下多少，你对自己的文化知道多少。大学生是祖国未来的希望，是建设社会主义文化强国的中流砥柱。大学生在学习专业知识的过程中，要同时增长文化知识。大学生可以利用课外时间学习传承中华文化的经典书籍，如四书五经、唐诗、宋词、元曲、明清小说等。大学生还可以学习演奏中国传统乐器，了解棋艺、国画、书法、刺绣、剪纸、京剧等代表中国特色的民间传统艺术。

在学术上，大学生可以研究中华民族传统文化，写作相关论文，提出新观点和新见解。大学生应自觉树立文化理想，发挥文化先锋作用，自觉承担起文化传承责任。在课余时间，大学生可以观看一些彰显我国淳朴善良的风土人情，地域辽阔、物产丰富的大国疆域及博大精深的优秀传统文化的电视节目。例如：立足于中华文化宝库资源，通过记录及综艺的方式创制的电视节目《国家宝藏》，其通过讲解“大国重器”的前世今生，解读中华文化的基因密码，拉近了当代人与历史文物的距离；讲述并展现了中华烹调、各地生态美食，并以此展现食物给中国人生活带来的仪式、伦理等方面的变化的《舌尖上的中国》；以个人成长、情感体验、背景故事与传世佳作相结合的方式，用最平实的情感读出文字背后的价值，实现了文化感染人、鼓舞人、教育人的传导作用的《朗读者》。这些经典、这些传承就在我们的身边，当代大学生理应做到知经典、爱文化、重实践，做到知行合一，积极弘扬民族文化，做文化自信的带头人。

二、利用社交媒体帮助大学生树立文化自信

（一）坚定“四个自信”

充分发挥社交媒体资源作用培育文化自信，既是新时代对文化强国建设的必然要求，也是从高校大学生的身心特点和校园学习生活实际出发做出的必然选择。其最终目的是提高大学生的政治素质和思想道德素质，构建高校大学生的中国特色社会主义核心价值观，培育青年人的文化自信，坚定新时代理想信念，凸显中国特色社会主义大学的本质属性和立德树人的根本要求。

面对生活在信息时代，深受网络影响的大学生，思想政治教育也需要借助互联网思维，采用灵活的方式解决当前思想政治教育面临的问题，更需要利用社交媒体平台增强大学生的文化认同感、民族认同感和国家认同感，不断树立文化自信，深刻体会中国特色社会主义的文化根基、文化本质和文化理念。文化自信标志着中国共产党对中国特色社会主义有了更加明确的文化建构，是倾向于人的内心和价值观的，是能让人真正地心悦诚服地相信的。这种文化自信既是道路自信、理论自信和制度自信的内在基础，又对这三个自信有着强有力的促进作用。对于大学生来说，可能不是那么熟悉道路自信、理论自信和制度自信，而文化却可以从生活中去体验、去理解。特别是社交媒体资源把以往有些神秘、高远的文化现象现实化、通俗化，就使得大学生对文化成果有了亲切感和获得感。有了这种文化自信就可以更好地理解其他三个自信，并且更加坚定地实现“四个自信”。

文运同国运相牵，文脉同国脉相连。改革开放40多年来，随着社会变迁，中国文化也在不断变化。与革命时期和改革开放初期不同，随着互联网的快速发展，当前文化工作一方面具有传播、渗透主流思想价值观的意识形态方面的作用；另一方面还具有推动经济发展的市场作用。这种精神动力是我国经济社会发展的核心力量，是增强我国经济创新力和竞争力的重要保障。

（二）增强文化自信

中国的文化自汉唐以来就有开放包容的特性，正是因为我们不断地对外来文化进行辩证取舍、转化再造，才有了中华文化的博大精深与丰富多彩。毛泽东曾提出，对待外国文化必须有批判有分析，“如同我们对于食物一样，必须经过自己的口腔咀嚼和胃肠运动，送进唾液胃液肠液，把它分解为精华和糟粕两部分，然后排泄其糟粕，吸收其精华，才能对我们的身体有益”。1990年，为了更好地处理不同文化之间的矛盾，费孝通先生提出“各美其美，美人之美，

美美与共，天下大同”的思想，对自身文明和他人文明进行反思，在种种比较和鉴别的过程中充分认识到不同种类的文化所具有的不同特点。中国传统文化有着深厚的历史底蕴，在现代社会中，与快餐文化相比很难有竞争力，但这种传统文化对我们民族的根基有着非同一般的影响。在逐渐走向国际化的文化建设中，我们要坚持辩证地吸收外来文化，坚持主旋律与多元文化相统一，保证中国优秀传统文化的主导权，坚守意识形态领域主阵地。

经济全球化背景下，人的价值取向多元化，文化选择大幅度增加，思维活跃，想要树立开放包容的文化自信，就要承认现代优秀外来文化的价值。所谓自信，就是需要辩证地将优秀传统文化与国外优秀文化相结合，理性看待传统文化中不适应现代社会发展的那部分走向没落的现实情况。在此过程中，要通过网络社交媒体来加强对优秀传统文化的宣传，鼓励旧的文化以新的形式对大学生进行文化培育，既要在社交媒体中树立对优秀传统文化的自信，也要树立对优秀外国文化以及一切人类优秀文明成果包容借鉴的自信。

目前，社交媒体资源有两种错误倾向，一是过分注重经济效益从而扭曲了正确的文化取向，二是片面的娱乐化，一味追求感官刺激。只有培育和践行社会主义核心价值观才能纠正这种错误倾向，才能更好地培育文化自信。对此，要利用社交媒体在传统思想政治教育的指导下引发青年大学生思考，使其养成深度阅读的习惯；在制度的监管下，专业人士应发挥其良性作用。此外，更要理解大学生的特点，在课堂上重视法律素养和媒介素养的培育，结合社交媒体资源形成合力，对大学生进行文化浸润。

（三）规范网络次文化

社交媒体的出现打破了传统媒体的话语主权，激发了人们对于文化自主学习的热情。伴随着话题式社交媒体的出现，一种新的网络文化也出现在人们的视野中，网络文学、网络音乐甚至网络语言逐渐成为一种社会潮流。网络文化是互联网快速发展的必然产物，是建立在原有文化基础上的一系列次文化，体现了网民对于原有文化积极或消极的情绪，需要辩证地对待。网络语言是多种语言文化在网络上汇集，网民又再加工的结果，是网友为了提升网上聊天效率或诙谐效果而创造的语言形式，能以更生动形象的形式描述现有的状态，久而久之就形成了在现实生活中也能够应用的特定语言。网络语言接地气、生动形象，但是其对汉语文化的负面影响较大，不能将其完全纳入语言体系。除此以外，网络文化庞杂纷乱，其中一些作品不乏对传统文化的曲解、戏说，是不尊重中华民族传统的表现，必须予以严厉的处分。网络文化自话题式社交媒体而起，政策上应予以百花齐放，百家争鸣的态度，但目前网络文化形式还不够完善，主要内容大多缺乏深度，大环境还需要进一步净化。

（四）开辟网络学习的新形式

分享式社交媒体能丰富人们的文化生活，也推进了远程教育的发展，网络音乐会、网络讲堂等形式广受人们的欢迎，通过现代科技网络进行学历教育逐渐成熟。超大规模在线开放课程（MOOC，中文简称为“慕课”）在很短的时间内成为教育界的现象级话题，在国内也受到极大重视，网络公开课成为一种新的学习方式。慕课是一种建立在互联网平台上的大规模的开放课程，运用多媒体形式授课，更侧重交互性的论坛讨论，可以同时供数以万计的学生在平台上学习和分享。网络教育可通过互联网内容丰富、直观、即时，互动性强，地域不受限制以及受众可划分等特点对教育资源进行开发，有效地利用优秀的师资力量，降低授课成本，扩大授课范围，使学生的学习限制大大减少。移动互联网的便携性激发了高校学生自主进行网络学习的积极性，多媒体教育方式更能激发学生的兴趣，减少排斥心理。

网络教育同时也存在一些问题，在文化教育（特别是社会科学教育）过程中，教育者与受教育者互动是很重要的一部分，非语言的表达只有通过面对面的形式才能更好地对受教育者产生影响。网络视频教育削弱了教育者的权威，“随时随地学习”的教育形式对受教育者的强制性要求明显减少。此外，网络教育还未形成体系化，教育者队伍素质参差不齐，授课模式还不成熟，在受教育者自觉性不足的情况下，受教育者在受教育过程中很难集中注意力，自然削弱了教育效果。

但是，这些问题仍然不妨碍有效地利用分享式社交媒体进行思想正面教育。直播、慕课教育在教育公平化、普遍化的过程中发挥了极大作用，我们只是需要在理论灌输的背景下进行线上、线下结合教育，以达到正面教育的最大效果。

（五）培养大学生的媒介素养

即时性社交媒体所传播信息的片段性导致了人们认知的片面性，其传播的即时性和交叉链接性则同时使积极信息病毒式传播（也称口碑式传播）。人们对于知识认知未成体系之前，不能有效辨别信息的完整度和真实度，而一旦接收的信息以先入为主的姿态在受教育者的思维中烙下印迹，就很难给予纠正。此外，互联网的特性使得网民有极大的自主选择权，同样也导致网络多数文化浅显，深度不足，因此，必须明确社交媒体的作用主要在于科普性阅读和启发性教育，其目的是激发人们特别是大学生对于文化知识的兴趣。社交媒体对于大学生的文化教育应起到启发教育或者补充教育的作用，目的是引导他们自主地进行系统的学习，或者在理论学习之后从不同角度辩证地看问题。片面性信息本身没有错误，虽然极易产生歧义，但不可能从制度上完全禁止，这就对大学生的媒介素养提出了较高的要求。

在互联网时代的思想政治教育中，媒介素养的培育极其重要。大学生常常作为信息的传播者和接收者对不同来源的信息进行筛选和再传播，需要一种独立思辨的反应能力。换句话说，只有正确地、建设性地享用大众传播资源，能够充分利用媒介资源完善自我，促进社会进步，网络环境才能成为培育青年学生文化自觉、文化自信、文化自强的有利环境。

为了更好地培养学生的媒介素养，应当在思想政治教育中重视对网络热点问题的及时解读。通过教育与自我教育相结合的方式，对偏激、片面的观点进行深度剖析，用现实中的问题培养学生的信息识别能力。此外，应当鼓励学生关注新媒体平台。网络时代，弘扬传统文化、传递正能量的传播者正在不断增加。一方面，不同渠道、不同形式、不同角度的声音更容易被青年大学生接受；另一方面，也能鼓励“网络自媒体主体”继续传播“中国好声音”，建立高度的文化自信。

第四节 大学生成长之融入社团

一、社团文化的概念

大学生社团文化是指大学生社团在长期活动中所创造的精神财富以及承载这些精神财富的活动形式、物质形态和制度保障，是社团活动、社团形象、社团精神、社团品牌和社团管理制度等主要方面的总和。大学生社团文化的功能主要体现在对大学生自身成长、高校发展和社会发展三方面。对大学生自身成长而言，社团文化的育人功能包括素质提高、教育引导、社会化三个方面。

学生社团管理是指专门对学生社团进行管理的行为，即学校和教育部门为了保障学生社团健康有序的发展，在一定的思想和原则的指导下，通过采取一定的方式和手段对其建立、开展活动、发展方向进行管理和引导，并为推动其发展提供各种政策、资金等保障的活动。

从大学生社团的类型来看，主要有三大类型。

（一）兴趣类

兴趣是最好的导师，也是开展活动的最大动力。在大学生社团中，最主要的类型就是兴趣类。这一类社团在学生社团中占有很大比重，主要是学生根据自己的兴趣爱好而建立的社团组织。从发展的类型来看，兴趣类社团主要集中在音乐、美术、电影、舞蹈、体育运动等方面，这一类社团的会员一般都对某一方面的活动抱有强烈的兴趣，并具有一定的专业水平。从发展历程来看，兴趣类社团也是大学生社团最早的形式之一。20世纪初期，我国大学刚刚发展的时候，便有各种诗社、文学社、戏剧社，这是兴趣类社团最早的雏形。而随着大学生生活的不断丰富，兴趣爱好变得多元化、个性化，兴趣类社团的范围也不断地拓宽，内涵和外延都不断地扩大，滑轮、街舞、涂鸦等较为时尚的社团层出不穷。

（二）专业类

专业类社团也是大学生社团的主要类型之一。在日常的学习和研究中，为了更好地加深对某一学科或者某一领域的研究，有共同兴趣和需求的学生组织在一起，以社团的名义开展相关的学习和研究活动。因此，大学生社团也带有明显的专业性、学术性色彩，这也是大学生社团区别于社会其他社团的重要方面。从专业类社团的建立来看，社团活动的内容和领域直接与学校设置的院系、专业成正相关。学校的院系越多，专业越多，专业类的社团就越多。例如，文学院一般建有文学社、诗社，艺术学院一般建有舞蹈协会、书画协会、音乐协会等。而且，由于这一类社团与学生的专业紧密结合，既能帮助学生提高专业水平，也能便于学校教师指导学生开展课外研究，提高学校专业学科建设水平。因此，这一类的社团一般都会得到学校的大力支持，成为学生社团中最为稳定、最为活跃的社团类型。

（三）公益类

大学生作为社会的新生力量，作为未来的希望，十分关注社会焦点问题，并渴望在解决各类问题中发挥自己的作用。因此，诸如环境保护协会、爱心教育协会、助残爱老协会、大学生支教协会等各类社会公益类社团便应运而生。这一类社团带有十分明显的社会公益性，目的在于通过社团活动帮助一定的地区和对象解决各种问题。而且，这一类社团的组建也与学生的专业有一定的关系，大学生对自己所学的专业领域的社会问题更为关注，因此在活动开展中，大学生的专业水平也得到了提高。

二、大学生社团文化的作用

（一）素质提高作用

社团文化以社团活动为载体，逐渐发展为一种教育的资源，能够提高大学生的素质，有利于大学生综合能力的提高。

（二）教育引导作用

大学生通过社团活动可以丰富知识结构，完善自我，形成良好的价值观念，制定有利于未来发展的人生目标。社团开展的很多活动都与社会的热点话题有关，有利于大学生主动学习热点话题，了解当今社会的现状，在学校指导教师的引导下，可以使大学生的思想和行为符合社会发展的需要，有助于引导大学生形成正确的世界观、人生观和价值观。

（三）社会化作用

在学生会和社团这样学生自主形成的组织里，社团成员之间在举行活动时相互团结，相互合作，相互竞争，在一定程度上促进了大学生的社会化。

大学生开展社团活动不仅仅局限在学校内部，有时需要学生走出学校，走入社会，使学生与社会有直接的接触，帮助学生提前感受社会，有助于学生在毕业后更好地融入社会、适应社会生活，为以后的就业奠定基础。

三、社团文化发挥作用的途径

（一）同辈群体感染

所谓同辈群体，即同龄群体，也即由同辈个体参与的群体组织，具有大体相同的价值观、思维方式及行为取向的人的集合体，是由一些年龄、兴趣、爱好、态度、价值观、社会地位等方面较为接近的人所组成的一种非正式群体。同辈群体在青少年中普遍存在，他们交往频繁，时常聚集，彼此间有着很大的影响。同辈群体是一个人成长发展的重要环境因素，尤其是在青少年时期，同辈群体的影响日趋重要，甚至超过父母和教师的影响。青少年从家庭逐步走向社会，首先面对的就是如何进入同辈群体，并在群体生活中实现某种社会需要。大学生社团就是这样一个同辈群体组织。在大学生社团中，社团成员都是学生，彼此在年龄、兴趣爱好、成熟程度上差别不大，人生阅历也差不多，没有权威之说。社团中有一些人虽然身为社团干部或负责人，但那是出于组织管理的需要而设定的职位。成员之间没有尊卑之分。从人际互动角度来看，那些在思想观念和兴趣爱好等方面具有较大相似性的同龄人之间，最容易彼此产生人际吸引和人际影响。

人际关系的一种肯定形式就是人际吸引，又称人际魅力，它是个体之间在情感方面相互亲近的一种表现形式，有助于满足学生个体的人际需求。学生之间的相似性、互惠性、邻近性和容貌特征是影响学生人际吸引的主要因素。加入社团的大学生彼此在兴趣爱好、学习动机、个性特征、情感态度及价值观等方面有着相似之处而自愿走到一起，在社团活动中他们共同学习，互相切磋，发展自己的兴趣爱好和特长。社团成员的相似性、社团成员间的互惠性因素极大地影响着大学生社团的人际关系和社团成员的价值取向及其行为方式。在同辈群体中，个体之间的关系基本上是平等的，这种关系是由同辈群体自愿结合而成的组织特性决定的。在同辈群体中，即使有领导与服从关系的存在，那也是建立在自然协商的基础之上的，其结果也是个体愿意接受的。同辈群体可以突破一些禁忌，在宽松的条件下，在相互信赖中充分实现交流。同辈群体中的领导者既非任命或派遣，也非选举产生，而是在群体活动中凭借自己的知识、才能、阅历、品德等各种内化的因素获得成员的普遍认可后自然而然产生的，其对群体成员的影响依靠的是权威而非权力，具有较强的凝聚力和号召力。因而同辈群体的活动主题及活动安排不太可能根据某个或某部分个体的要求而有所改变，因而有利于保证群体中人与人的自由平等交往，有助于个体独立意识的提高，同时能培养个体解决人际冲突的能力。由此看来，以平等为特征的大学生社团作为一种同辈群体，在促进大学生成长中起着不可替代的重要作用。

另外，同辈群体具有自己新的价值标准和行为方式，对个体的成长有重要的影响。大学生社团作为高校正式的学生群众性组织，都具有自己根据法律法规及学校规章制定的章程，有自身发展的特定目标，有在活动中逐渐形成的社团文化等，其独特的文化和价值观对社团成员的成长起着潜移默化的作用。学生社团所具有的同辈群体性质决定了其对大学生成长的重要作用，主要表现在以下两个方面。一是文化融合作用，大家在一起相互交流信息及学习心得，在平等的氛围中进行沟通，从而在文化上彼此影响。二是同辈群体能够使大学生在思想上产生共鸣，有助于大学生形成正确的价值观。因此我们说，大学生社团文化能在大学生成长进程中发挥一定的积极作用。学生社团精心组织开展的一系列学术研讨、文化交流和社会实践活动，极大地丰富了学校的校园文化，使校园人文气氛更加浓郁。丰富多彩的社团活动，不仅使大学生的文化生活变得多姿多彩，也成为大学生开发潜能、展示自我的舞台。

（二）社团活动的渗透

首先，从社团活动的策划组织方面来说，社团活动本身属于社团文化的表层，是人们最易接触到的一部分。大学生社团的目标都是按照社会需要和教育目标制定的。学生社团通过开展学术研讨、经验交流和社会实践等活动，对大学生进行世界观、人生观、审美观、理想、道德等方面的教育，可以引导大学生确立正确的人生观和世界观，帮助大学生更好地适应从学校到社会的过渡。很多社团从宗旨上来说就是为职业技能的培养服务的，如江南大学职业发展协会、大学生自主发展联盟等。有些社团在开展社会实践活动过程中，不断接触社会，部分实现了培养职业技能的价值追求，如江南大学大学生自主发展联盟的很多活动，是与一些企业共同开展的，他们邀请很多职场精英来为广大社团成员及感兴趣的学生开展有关职场生涯的讲座，把职场的一些理念和要求提前带入校园，与社团活动参与者分享，帮助学生做好职业生涯规划，为学生步入职业生涯，顺利步入社会打下了一定基础。大学生通过参加社团活动，逐渐适应社会角色，逐步确定自己想要从事的职业，这是成为一个社会成员的基本资格，也是大学生社会化的基本目标。另外，社团活动的策划及其组织不仅能提高大学生的管理能力，对其全局观和动手实践能力的培养也有一定的促进作用。

其次，从社团活动的内容及互动方面来说，社团文化有助于大学生对知识的学习和掌握。社团类型多种多样，所包含的学科也是种类各异，具有一定的学科交叉性，正是由于社团的这种学科交叉性，学生的兴趣爱好更为广泛，知识领域更为宽广，知识结构也更为完善。学生社团活动内容比较丰富，涉及学科面大，文理科学生可以通过社团活动，达到文理互通、优化知识结构的目的。一些知识性、学术性、科技性的学生社团，有助于学生获得一定的科学文化知识，可以培养学生的科技创新能力，巩固对专业知识的学习。有关调查发现，参加专业学术型社团的学生，大部分认为自身的专业水平得到提高，学习成绩更好，参加社团活动的学生只有 10.7% 的学生认为对掌握专业理论影响不大，这一比例比未参加专业学术型社团的学生低 9.8%，这说明大学生通过参加专业学术型社团对其专业理论的掌握和学习成绩的提高确实起到了促进作用。

最后，从社团活动的潜移默化功能来看，学生在参与社团活动的过程中，无意识地受到社团文化的影响，对自身审美、人际交往、道德水平、自我控制能力等各个方面都有着积极的促进作用。社团文化的潜移默化功能主要表现在：一方面通过社团活动的策划组织，提高了大学生的组织能力；另一方面通过社团活动的互动，促使大学生更好地认识社团文化，以帮助大学生确立正确的生活目标和人生理想。

四、大学生社团管理存在的问题

从我国大学生社团的管理现状来看，我国政府部门、高校对于学生社团的管理还是比较重视的，出台了系列的指导意见和管理措施，并且取得了一些良好的效果，在推动社团有序发展、促进大学生健康成长等方面发挥了重要作用。但是，从相关的统计研究资料以及笔者的调查、工作实践经验来看，我国的大学生社团在发展过程中，管理制度还不太完善，社团的发展定位还不是很明确，社团的自我管理还存在这样和那样的问题，归纳起来，主要表现在以下五个方面。

（一）学生社团功能定位不明确

1. 发展目标不明确

明确的发展目标和发展方向是大学生社团发展壮大的前提，但是，由于学校等部门对大学生社团建设的指导力度不够，很多大学生社团只是凭借几个核心骨干成员的兴趣和热情建立起来的，甚至有些社团的建立纯粹是为了追赶潮流，导致建设过程缺乏明确的发展目标，社团建设的要求、活动没有清晰的标准，社团活动没有严谨的计划与策划。

2. 形式主义严重

形式主义严重是大学生社团管理问题的又一突出表现，主要体现在社团虚有其表，“僵尸运行”，这些社团名义上有完善的组织架构，有明确的目标，有一定的会员，有固定的办公场所，但是由于社团管理人员缺乏组织能力和号召能力，学校缺乏对其的支持，导致社团无法有效地开展活动，成为几个核心成员聚会的平台。

3. 商业性质浓厚

随着各种价值观念的涌入，大学校园也不再是纯洁的象牙塔，而变得思想多元、价值多元。特别是随着市场经济的发展，巨大的校园市场被各种企业看中，而大学社团良好的组织能力、影响力以及在学校中的活动优势，往往成为各种企业或者社会组织牟利的工具。一方面，大学生社团要开展各类活动，仅仅依靠会员的会费和学校的支持是远远不够的，需要通过向社会拉赞助的形式，支持活动的开展和运行。另一方面，各种企业和产品为了进入校园，也需要借助学生社团的平台，规避学校对各种商业行为设置的壁垒。这就导致，一些责任人意识不强，拜金思想严重的大学生社团负责人与不法商家相勾结，偏离社团活动宗旨，完全以盈利为目的开展社团活动，甚至利用社团为幌子，骗取学生的钱财，在学生中造成很多负面的影响，也给学校的声誉造成负面的影响。

（二）管理制度不健全

1. 社团管理制度不健全

健全的管理制度是有效开展学生社团管理的前提条件，管理制度不健全将直接影响学生社团的管理。有学者调查研究发现，在我国的高校中，有 40% 以上的高校还没有学生社团管理制度，或者学生社团管理制度还比较少。以学生社团财务管理制度为例，随着学生社团活动的影响力越来越大，运行模式越来越成熟，与社会的对接越来越紧密，所收取的会员会费、社会赞助、学校拨款，以及创造的社会价值和获取的财富收益也越来越多，财务管理问题也越来越突出，但是，目前还有很多高校没有针对学生社团的财务问题制定专门的管理制度。

2. 社团管理制度不精细

精细化的制度有助于加强对学生社团的管理，从目前的管理现状来看，许多高校在开展社团管理的过程中，都没有较为细化的管理制度，没有较为规范和标准的管理要求，导致许多社团在发展中一直采取粗放式的运行模式，通常以个别负责人的意志作为社团发展的方向，而缺少规范化、标准化的运行机制。例如，在会员费的收取中，学校的管理制度一般只规定会费的用途，而没有规定会费的收入额度和收取频率。这就导致同一所学校，不同社团之间收取会费的差距较大，收取频率不一，造成了一定的混乱。

3. 社团成立的审批程序不严格

目前，高校基本实现了对学生社团的有序管理，特别是成立审批的管理。根据现有的管理模式，学生社团审批的主体一般是院团委，或者院团委委托社团联合会进行审批。但是，在现有社团成立的审批管理中，还存在审批不严，缺乏标准的问题。很多学生在创办社团时，仅仅凭借的是一时兴起或是受时下流行元素的启迪，缺乏实际的考察和论证，更没有需要遵循的条条框框，盲目创立社团。由于对社团的创办缺乏明确的准入条件，也没有通过答辩等方式对社团成立的宗旨、发展前景等进行充分论证和严格把关，导致很多条件不成熟的社团成立没多久，就宣布解散。

4. 社团管理制度缺乏执行力

确保学生社团充满活力的最主要方式是，服从学校的管理，积极开展各种社会活动。为了确保学生社团活动的开展和正常的运行，学校、社团联合会以及社团自身都制定了相关的管理制度。但是，在实际管理过程中，由于缺乏必要的执行监督部门和力量，导致很多社团管理制度名存实亡，形同虚设，无法发挥应用的作用。一方面是学校和社团联合会的管理规定无法完全执行到位。学校对于社团的管理主要集中在社团的审批、考核等方面，社团联合会对学生社团的管理也主要集中在社团程序性管理方面，由于学校社团众多，学校和社团联合会都无法按照制度的规定对学生社团的各种活动进行细致管理，只能依靠社团的自觉性和自我管理。这就导致少数社团在运行过程中，不按照学校和社团联合会的规定开展活动，学校和社团联合会的制度规定无法执行到位。另一方面是学校和社团联合会在管理社团的过程中，无法有效地协调各个社团形成整体合力。主要体现在部分社团联合会的干部缺乏大局意识和服务意识，对于学校的各类社团缺乏了解和沟通，日常的监管和服务流于形式，对社团运行过程中出现的问题无法进行有效协调，在社团管理中缺乏威信和公信力，导致缺乏社团的认可，各个社团开展活动，没有统一的指导规划，就像一盘散沙，很难形成合力。

5. 社团组织机构不完善

作为一个社团组织，学生社团要实现独立运行、规范管理、高水平开展活动，在其建设中应该包括办公室、外联部、财务部、活动部、后勤部等完善的组织机构。但是，笔者在实际调查中发现，一些社团干部、管理人员很多，但是组织机构不完善，职能分工不明确。

（三）管理机制不灵活

1. 管理框架和流程行政化

学生社团是由具有相同爱好或者特长、志趣的同学共同组成的一个活动组织，成员之间应该是平等互助、相互交流、共同进步的关系。但是，笔者调查发现，由于缺乏相应的指导和参照，很多大学生社团在建设中，纷纷仿照了行政管理流程，建立了一套行政化的管理体系。一方面是管理框架的行政化，在社团的管理框架设计中，通常模式都是社长（主席）—副社长（副主席）—部长（理事长）—干事—社员模式，形成了一种行政式的层级管理，人为地造成了社团成员之间的身份差距，造成了社员关系的不平等，从而影响了社团活动的开展和社团的健康发展。另一方面是管理流程的行政化，管理流程的行政化主要是指学生社团在管理中套用了行政机关的管理流程，管理中烦琐的、约束性的要求太多。例如，在招收新会员的过程中，部分学生社团要求想加入的学生写入社申请书，参加入社考试，并参加入社的面试，这种行政式的规定太过于烦琐，降低了学生入团的热情。

2. 管理“越位”和“缺位”

在学生社团管理过程中，管理方式简单粗暴，主要体现在两个方面。一方面是管理“越位”，在管理中搞一刀切，管得过死。很多学校考虑到学生的安全、学校的秩序，不分内容和形式，对于社团活动的规模、范围、时间、地点都进行严格的限制，导致很多可以做大的活动无法做大，很多需要较大场地的活动无法开展，从而忽视、降低了学生社团在促进学校文化发展，提升大学生综合能力方面的作用。例如，某大学生社团活动管理规定，如果没有经过特别的审批，学生社团活动只能在周六和周日开展，并且地点大多选择在校园内的操场或者小广场。这就导致一到周末，面积不大的操场和小广场全是社团活动，由于每个社团所占有的面积都很小，导致书画展、交谊舞等对于活动场地要求较高的活动无法开展。另一方面是管理“缺位”，缺少专业指导。相对管理“越位”问题，高校对大学生社团管理“缺位”问题更为严重，主要体现在对于大学生社团活动开展的具体指导方面。由于大学生社团较多，类型五花八门，活动多种多样，加上部分高校对于社团活动重视程度不够，导致绝大多数社团只能依靠自己的摸索发展，得不到学校专业的指导和支持，从而造成社团发展不稳定，影响了活动的档次和教育作用。

3. 学校对于社团行政干预过多

学生社团是大学生自主建立的活动组织，在一定的规定范围内自主运行是其健康发展的重要保证。但是，从笔者的调查来看，一些学校在学生社团的运行过程中，都带有严重的行政干预色彩，经常出现用学校行政命令要求社团按照规定的任务开展社团活动。例如，每年九月份迎接新生的时候，统一要求各社团按照学校的要求制作宣传横幅，统一按照学校的要求开展迎新活动，淹没了社团的特色和个性。

（四）管理骨干整体素质不高

1. 学生社团中干部的数量过多

社团中干部数量过多是大学生社团管理的重要问题，也是官僚化的重要体现。由于高校在开展学生社团管理过程中，管理制度不细，管理规则不严密，特别是在学生社团干部职数设置上几乎没有任何要求，加上当代大学生个性化的发展和自我意识的强化，在学生社团活动中都希望有一定的话语权，有一定的职务，因此导致了社团中有大量的社团干部。庞大的干部数量，直接影响了社团活动开展的效率和质量，经常因为开展活动而造成各类纠纷和矛盾。

2. 学生社团干部年级分布不合理

学生社团的互动轨迹是与大学的招生特点和学制特点相一致的，根据大学教育的时间特点，大学生一般都是大一阶段加入学生社团，大二充分参与社团活动，大三或者大四，由于学习逐渐紧张，毕业、就业压力开始增加，大学生参加学生社团活动的次数逐渐减少直到退出社团。这是符合大学教育发展阶段要求的，但是这种情况也导致了在社团管理中出现了干部年级分布不均，学生社团中的干部多集中在大二、大三，大一新生很少有资格参与社团核心管理的潜规则。大二、大三的学生虽然有一定的社团管理经验，但是由于长期参与社团活动，受到往届社团管理人员的影响，容易形成惯性思维，不利于社团活动的创新开展。大一学生虽然在社团管理、活动组织过程中还缺少一定的经验，但是积极性很高，创造性很强，可塑性也很强，具有较大的发展潜力。社团干部年级分布不均的现象，很容易影响大一新会员的积极性，对于社团的可持续发展造成不利的影响。

3. 社团干部选拔机制不合理

社团负责人的工作能力和综合素质对一个社团的持续健康发展至关重要。很多社团负责人不仅缺乏创新能力，连社团相关专业素质也不具备，这必然会对社团的发展产生不利影响。因此，通过合理的选拔机制，选出沟通能力、领导力、组织能力、专业能力突出的社团干部十分重要。目前的社团干部选拔主要有三种方式，一种是通过社团会员大会公开选拔，一种是由社团管理骨干公推，还有一种是由学院或者社团联合会推荐。其中，最为合理，会员认可度较高的是第一种方式，即会员大会公开选拔。但是，笔者调查发现，在河北工业职业技术学院社团干部的选拔聘任过程中，只有极少数社团干部是会员大会公开选拔竞聘的，大部分都是由原有的社团干部公推或者由学院、社团联合会指派的。这也就导致在社团干部的选拔中，原有的社团干部公推或者学院、社团联合会指派的干部一般都是自己的同学，或者是同专业的学弟，或者是同学院的学弟，甚至全凭资历和年级，而较少考虑专业能力和水平。这就导致一些有能力、有热情的会员无法成为社团的干部，而一些专业能力不强、领导能力不突出的人成为社团的领导者，导致难以服众，影响了社团的凝聚力和向心力。

4. 社团干部功利性现象突出

现有的大学生评价机制、奖学金评比机制甚至就业竞争方面，都比较看重大学生的一些学生干部头衔，获得的各种表彰，以及大量的参加社会实践的经验。而学生社团刚好完全具备了这些特点，可以轻易地帮助学生获得社团领导干部的职衔，也比普通的学生更容易获得各类表彰，有更多的参与社会活动、获得社会工作经验的机会。因此，在巨大的就业压力和竞争压力下，少数学生并不是以兴趣爱好为目的参加社团活动，竞聘社团干部，而是以功利性为目的，希望获得各种学生干部的头衔，让自己的毕业鉴定材料、求职简历上更加花团锦簇。在这种功利性的驱使下，少数社团干部并不以搞好社团活动，促进会员进步为目的，而是以获得各种个人的表彰为目的。社团干部在工作过程中，没有创新思路，所有活动都按照一种套路，进取心不强，这些都不利于社团的长远发展。

（五）社团发展缺乏资源支持

1. 学校对社团的重视不够

虽然高校都较为支持大学生社团的发展，并出台了一系列的管理政策。但是，还有部分学校的领导和教师，对于学生社团缺乏足够的认识，认为社团只是学生课余的消遣和娱乐，是校园文化的组成部分，还没有真正从大学生的“第二课堂”，从学生的全面发展、成长成才等方面认识大学生社团的重要意义，没有认识到大学生社团建设对于提高学校育才水平，提高学校影响力的重要作用。这就导致部分学校对于社团管理漠不关心，没有提上重要的工作日程，仅仅当作院团委或者大学生社团联合会的一项工作来抓，导致大学生社团的发展缺少必要的重视和支持，缺少整体的规划和计划，影响了大学生社团的发展。

2. 社团活动经费不足

巧妇难为无米之炊，开展社团活动，活动经费是必不可少的资源。而且，随着社会经济的发展，物价水平的提高，以及社团活动参与人数的增加，规模档次的提升，社团活动对于经费的需求不断增长。目前，大学生社团活动的经费来源主要有三个方面，一是会员缴纳的会费，二是学校的专项拨款，三是社区企业机构的赞助。其中，会员缴纳的会费十分有限，只能用来维持协会日常的运转，购买部分办公用品，印制会员证等物品，根本无法支持社团活动的开展。

3. 缺少社团活动场地

学校对于大学生社团活动管理支持力度不够的另一个重要表现是活动场地的问题。作为一个结社团体组织，必要的办公场所和活动场地是必不可少的，但是很多学校没有条件或者不愿意为社团提供充足的活动场地，导致各种活动无法开展。

4. 缺少专业的指导

学校在开展社团活动管理中，还有一个重要的职能，便是对社团开展的活动进行专业的指导，提升互动的质量和档次。但是，很多高校对这一项工作的重视程度不够，缺少有效的政策保障和科学的安排，导致社团几乎都是在自我摸索中发展的，学校在专业指导方面严重缺位。

五、改善我国大学生社团管理的建议

（一）明确大学生社团功能定位

1. 培养学生的兴趣爱好

大学生社团建立的基础是学生对于某一领域、活动、学科具有浓厚的兴趣，热爱这项活动，愿意投入时间和精力来从事这项活动。所以，大学生社团功能定位的首要目标就是培养学生健康的兴趣爱好。一是要加强兴趣爱好教育，为学生社团的发展打下基础。高校在开展教书育人的过程中，在抓好专业科目教育的同时，也要抓好学生兴趣爱好、才艺方面的培养，要通过开设选修课，开展各种专项活动等方式，让学生获得更多的专业科目以外的知识，提高学生参加各种活动的兴趣，激发他们的参与热情，形成自己的兴趣爱好，从而为推动学生社团的发展打下坚实的基础。二是要加强兴趣爱好引导，培养健康的兴趣爱好。学校和教育者要加强对大学生兴趣爱好养成过程的干预，要通过正面的教育、积极的引导，帮助大学生摆脱各种不良的、不健康的生活习惯和兴趣爱好，帮助他们培养健康向上的，有利于自身发展的兴趣爱好，确保学生社团在发展方向上不迷失、不偏向。三是要提供良好的发展环境。在帮助学生培养健康的兴趣爱好的同时，还要为他们兴趣爱好的养成提供一个良好的发展环境，要借助高校在学生管理上、活动资源上的优势，通过开展专门的培训、提供专门的场所，提供一定的物质和精神支持，促成大学生健康兴趣爱好的养成。

2. 促进学生社会化的进程

大学生社团活动的主要目的之一是通过活动使学生与社会更好地接触，促进学生的社会化进程，提高学生的社会实践能力。因此，在推动大学生社团做好功能定位的过程中，还要积极地促进学生的社会化进程。一是要鼓励社团活动与社会实践相结合，鼓励学生参与社会实践活动，通过社会实践提高对于所学专业知识的运用能力，加强学生对于社会的了解和认知，为明确大学生社团的发展定位，提高社团的活动能力做好铺垫。二是要积极创造条件，帮助大学生社团开展各种各样的社会性活动。在高校教育中和社团活动开展中，要将课堂的教育、社团活动与社会教育、社会活动相结合，要让学生积极走出课堂，走出校园，在社会实践中去学习专业知识，发展兴趣爱好，积累实践经验，提高学生的社会适应能力，加快他们的社会化进程。

3. 提高学生的综合素质

大学生社团活动的另一个重要功能便是提高学生的综合素质。社团活动与单纯的学习相比，既有理论方面的培养，又有实践方面的锻炼，既有智商方面的提升，也有情商方面的磨砺，既有专业知识的运用和深化，也有组织、管理、协调等其他能力的训练。所以，大学生社团的重要功能之一是通过各种各样的活动形式，促进学生德、智、体、美、劳全面发展，实现综合素质的提升。

4. 实现学生的社会价值及自我价值

大学生社团既是一个开展兴趣爱好活动的平台，也是学生展示自我、奉献社会的平台。通过大学生社团，学生承担起社团运行管理、活动策划组织、团队建设等各项工作，个人的能力和品质得到了全方位的展示。同时，由于社团活动的公益性和社会性，大学生在参加社团活动的同时，发挥自己力所能及的力量，为校园文化的建设、社会问题的解决做出自己应有的贡献，同时也实现了自己的社会价值和自我价值。

5. 加速校园民主及文化建设进程

大学生社团的另一个功能是通过各种活动和自身的建设，促进校园的民主及文化繁荣。一方面，大学生社团在管理过程中，是独立自主的社团组织，通过社团的选举、社团干部的选聘以及各种决策的制定，强化了学生民主的意识，培养了他们的民主精神；另一方面，大学生社团是校园文化的重要组成部分，繁荣的社团文化，丰富的社团活动，有利于培养独特的校园文化，提升校园文化的影响力。

（二）完善大学生社团的制度建设

1. 建立健全大学生社团管理制度

在加强社团管理的过程中，必须要解决的一个问题就是社团管理的制度问题。没有规矩不成方圆，只有在完善的制度框架内，才能保证大学生社团管理的有序进行。笔者认为，建立健全社团管理制度，要立足实际，坚持科学务实的态度，并结合学校社团发展的具体情况和特点，建立科学规范、符合实际、操作性强的规章制度和管理办法。

（1）要进一步完善学生社团代表大会制度，实现社团民主管理的重要基础就是学生社团代表大会制度。按照共青团中央关于大学生社团建设的规定，凡是在高校正式注册，并通过审批的社团都自动成为学校社团联合会的会员，并接受社团联合会的管理。通过社团联合会的代表大会制度，各社团能够更加充分地表达自己的意愿，社团联合会也能够更有效地实现管理。因此，要进一步完善社团代表大会制度，坚持民主集中制，坚持重大事项进行讨论、商议和决策制度，提高社团管理过程中关于重要决策的会员参与的积极性。

（2）要完善社团的申报、审批、考核制度，加强学生社团管理的有效方式就是在申报、审批和考核方面把好关。首先从申报来说，要从资格、名称、人数、活动范围等方面，进一步细化申报的要求，将不符合社团建设要求和标准的排除在外。其次要把好审批关，校团委、各系团总支、社团联合会要对社团的申报实行更严的审批，通过完善审批程序、进行社团发展前景评估等形式，把好入口关，严格控制社团的数量，切实提高社团的质量。最后要加强对社团的考核。为防止“僵尸社团”以及各种以社团活动为幌子开展其他违规活动社团的泛滥，要通过制定严格的评价标准，对社团实行严格的考核，凡是活动数量、质量、会员人数不达标，管理混乱、发展不理想的社团，该整改的整改，该取缔的坚决取缔，全面净化社团发展环境。

（3）制定完善的财务管理制度。有效的财务管理是确保社团健康运行的保障，为了确保活动经费、社团资产有效地管理和运行，要制定详细的财务管理制度，在经费的来源、经费的保管、使用范围、使用标准、申请程序、使用账目、使用效果等方面进行严格管理，通过建立账务公开、账务查询等制度，积极鼓励社团的会员和社团管理部门时时检查社团的资产，确保社团财务良好运行，防止各种贪污和浪费行为。

2. 加大大学生社团制度执行的力度

良好的制度能否发挥出预期的效果，关键在于执行。在现有的社团管理中，制度执行力不强，规定要求不能贯彻落实是比较突出的问题，所以，在完善管理制度的同时，还必须加大社团制度的执行力度，提高制度的有效性。

（1）要进一步完善制度执行的管理机构。现有的社团管理主要集中在高校校团委和大学生社团联合会，校团委除了管理社团外，还有大量的事务性工作，很难分出专门的人员对于社团管理制度执行情况进行监督。而社团联合会是由各社团选举出的人员组成的临时机构，缺乏权威性，也无法有效地推动管理制度的落实。所以，要进一步完善大学生社团制度执行的管理机构，学校要安排专门的工作人员领导大学生社团联合会，加大管理制度的执行力度。

（2）要加强制度执行的督办落实、考核管理。在强化机构建设的同时，还要加强制度执行的督办落实、考核管理，要通过定期的检查，专项的巡查，专门的汇报等形式，确保各社团服从管理部门的管理，并按要求将各项制度执行落实到位。

（3）要加大对于拒不执行制度规定的社团或者个人的处罚力度。对于拒不执行社团管理制度的社团，或者在制度执行过程中打折扣的社团，要坚决处理，通过社团降级、减少活动经费、限制活动、开展整改，甚至注销社团等形式，强调制度的权威性，培养社团自觉按制度管理的意识。

（三）优化大学生社团管理机制

1. 提高对大学生社团管理的重视程度

优化大学生社团管理机制的第一步就是提高对学生社团的重视程度，要充分认识到学生社团在学生培养、校园文化建设中的重要意义，主动将学生社团的管理工作纳入议事日程，纳入学校整体工作体系，出台积极的政策和措施，促进社团的发展。同时，要对学校社团的整体发展方向进行科学的规划，积极解决社团发展过程中的资金、资源、场地、人员等各方面的问题。

2. 建立以学生为主导的服务自治型管理体制

优化大学生社团管理机制的另一个重要措施是，及时转变社团管理的角色，充分发挥学生在社团管理中的作用，推动以学校管理为主导的方式向以学生自主管理为主导的方式的转变。一方面是要减少学校对于社团发展的行政干预，除了规定社团发展的大方向和原则性要求外，不通过行政手段干预社团的日常运行，也不干预社团活动的正常开展和社团管理人员的选聘。另一方面是要积极培养学生的民主意识，要在社团管理过程中大力推广民主选举、民主自治的精神，鼓励和引导学生通过民主方式，在社团干部选聘、社团活动开展、社团重大决策等方面实现社团的自我管理、良好运行。

3. 进一步加强对学生社团的规范管理和科学指导、价值引导

在优化管理机制过程中，专业性的指导和规范化的管理是必不可少的。要加强日常的管理，就必须真正发挥好大学生社团和社团联合会在社团管理中的作用，指派专门的工作人员，制定专业的管理规范，确保管理到位，不留死角。特别是要充分发挥大学生社团联合会的监督和服务作用，要通过大学生社团联合会实施更为专业和精细化的管理，积极服务社团发展，协调社团活动，维护社团利益，解决社团发展中的各种问题，为社团的健康发展提供保障。首先，打破社团孤立活动、单调活动的形式，将社团活动与共青团工作紧密相连，推行活动的项目化运作，形成社团与团组织之间的联动效应。其次，通过社团互评、团组织审批的环节进行立项答辩，加强对活动“质”的把握。最后，打造名片学生，鼓励社团与创新创业结合，以形成社团的自我造血功能。政治性、先进性是社团的灵魂与旗帜，牢固树立“全团抓思想引领”的意识，把思想政治引领工作贯穿到开展的各种活动中。我们在实践中，通过“团学干部队伍培养工程”，形成向团组织看齐的集体统一认识；通过“团理论进社团”来营造社团学习团知识的氛围，提高思想认识；通过“基础工程”将社团成员编入团组织档案，做好对每位社团成员情况的把控；通过“主席、社长连任”，掌控社团运行情况，以确保大学生社团的发展不偏离轨迹。

（四）加强大学生社团的自我管理

1. 开展创新型社团活动

大学生社团是学生自主成立的社团组织，不隶属于任何的部门和机构，因此具有独立性和自主性。在学校对社团管理的框架内，社团的独立性和自主性又表现为适度的自由性。在加强社团自我管理的过程中，要充分利用好这适度的自由性，在社团管理允许的范围内，充分鼓励大学生极性参与、开动脑筋、开拓思维，更有创新性地开展各种社团活动，更加充分地利用各种可以利用或者可以争取到的资源，推动社团的发展壮大，提高社团活动的水平和档次，使广大的社团会员在社团活动中真正得到锻炼和提高，实现社团自我管理的目的。比如，结合当前火爆的微信、微博、微视频这些新媒体平台，将社团转变成了“话语者”和“当事人”，使社团拥有自己的“媒体”，把想说的、想写的利用自媒体平台表达出来。

2. 加强社团骨干自身素质培养

大学生社团干部作为社团组织的核心力量，他们的综合素质和个人能力高低，直接影响到社团的发展。因此，必须加强对社团干部的培养，提高他们的综合素质，进而促进社团的发展。

（1）要建立严谨的选拔、考核制度。要杜绝行政指定等不合理的社团干部选聘形式，通过对社团成员工作能力、专业水平、思想品质、社员基础等各方面的综合考察，客观评价，选聘真正有能力，致力于推动社团发展的骨干力量作为社团的负责人，带领社团成员实现社团的发展壮大。

（2）要建立完善的社团干部培养制度。学校社团管理部门要投入更多的精力和师资力量，加强对潜在社团管理人才的发掘，通过制订完善的培养计划，开展专门培训、跟踪培养、集中学习，使社团的骨干人才和潜在人才尽快地成长成才，确保社团干部队伍的可持续发展。

（3）要加强各社团之间的交流互动。学校社团管理部门要为各社团之间的交流互动创造条件，通过召开座谈会、联合开展活动、召开联谊会等形式，为社团创造相互学习、相互交流的机会，特别是加强本校社团与外校社团之间的交流互动，推动社团之间取长补短、相互学习，提高社团自治的整体能力。

3. 提高学生社团的整体素质

强化社团自我管理的另一个重要措施是加强对会员入团的管理，通过优胜劣汰的方式，提高会员的整体素质，进而提高社团的管理水平。首先，要在会员入团申请上把好关，坚持宁缺毋滥的原则，防止不良人员进入社团。要切实根据社团的类型、宗旨和目的，设定明确的加入社团的条件和标准，提出明确的要求。对于有意愿加入社团的学生，既要简化流程，杜绝各类程序化的规定，又要根据社团的要求，认真地审查入团的条件，既要保障数量，又要保障质量。其次，要打破会员终身制，建立优胜劣汰制度。在社团的日常管理中，要建立有进有出的社团会员管理制度，对于那些违反社团管理规定，不按要求完成社团任务，不积极参加社团活动的会员，要及时发现、及时处理，通过自动退团、开除团籍等形式，确保社团会员的纯粹性和整体素质。

（五）为大学生社团提供各种资源的支持

1. 加大学生社团的活动经费保障力度

在限制社团发展，影响社团管理的问题中，经费限制是重要的问题。很多高校建团之后，发展迅猛，但是社团所拥有的设备简陋或者活动资金缺乏，这些都会对社团向着高层次发展产生巨大影响。

（1）加强对社团的资金投入。教育部应该通过财政保障体系，建立专门的支持社团发展的专项基金，通过定期定额拨付和专项申请审批等形式，切实增加对于大学生社团建设的投入，确保各大社团能够有效地开展社团活动。并且，还要加强对社团专项经费发放、使用的审核，通过严格的管理，确保专项资金不浪费，用到实处。

（2）拓宽社团经费的来源渠道。除了教育、财政部门的专项资金，以及会员会费等固定的经费来源渠道外，学校社团管理部门和社团自身也要发挥主观能动性，注重发挥自身优势，同时，还要不断提高自力更生的能力。高校对社团的资金投入是基础，社团应该把外来的赞助、捐赠作为社团基金的有力补充。

（3）加强对社团经费的管理。要切实发挥大学生社团联合会对于社团经费管理的职能，通过完善的财务制度实行有效的监督和管理，可以通过项目化、社会化引导、重点支持、活动补贴、社团扶持等方式控制经费的方法，提高经费的使用效果。

2. 完善社团活动的基础设施

学校在社团管理中加大支持力度的另一个重要方面是完善基础设施，包括办公的场地、活动的设备、活动的场地等。

（1）要为社团提供必备的活动场所、基础设备等，或者将已有资源进行统筹合理调配，积极支持学生社团活动。例如，在社团开展大规模的纳新活动的过程中，学校可以给这些社团划定场地，提供统一的帐篷、座椅、展示牌等物品，这样可以保证社团活动的顺利开展，实现规范管理。

（2）通过分批支持的形式逐步完善社团活动设施。在学校能力有限，不能一次性满足社团需求的情况下，可以有重点地支持社团活动，或者保证为社团提供必要的基础设备。

（3）所有社团活动的开展要服从统一的时间安排，减少场地设施压力。针对学校活动场地、公共空间有限的问题，可以在逐渐拓宽活动场地的同时，分批分类分时段开展社团活动。对各种社团进行分类，并划定一定的活动范围和时段，以此来减少场地限制对于开展社团活动的影响。

3. 加强对社团的专业指导

任何一个社团的健康持续发展都离不开科学专业的指导，在当今社团发展泛滥的大环境下，一些传统社团必须完成社团转型，才能形成自己的品牌，并实现长久发展。

4. 营造良好的文化氛围

社团文化是社团特色的反映，学生通过参加各类社团，能获得一定的教育，有利于形成正确的世界观、人生观和价值观，有利于实现社团宗旨和活动目标。

（1）要主动引导，确保社团文化把握正确方向。管理部门要加强对社团活动宗旨、目标、内容、形式等方面的引导，确保社团活动与时俱进，体现社会主义的主流文化，体现中华民族优秀的传统文化。此外，还要提高社团文化的社会认可度，推动社团文化的长久发展。

（2）要丰富社团文化的内涵。要不断地挖掘社团文化建设的核心价值和内涵，不能让社团文化停留在表面，要确保大学生能在社团文化建设中产生共鸣，增强社团活动的感召力和吸引力，增强社团成员的主人翁意识和责任感，形成鲜明的文化特色和文化品牌。

（3）要打造独具一格的社团文化。要积极围绕学校的特色开展社团文化建设，要结合高校的办学定位、教学目标、所设专业特色等进行策划，使社团能够拥有自己的特色和内涵，最终形成自己独特的社团文化，并能成为高校的品牌。

第五节　大学生成长之就业

一、如何面试

现代社会是一个不缺乏人才的社会，但才能并不能直接转换为求职的加分项，因为在与面试官短短的接触中，求职者很难将自己的才能完全展示出来，面试官也没有足够的精力去完全了解每一个求职者。因此，如何完美展现自己就成了在求职场上的一张王牌。

下面是一则大学生面试失败的案例：

某研究生复试面试现场。

有个男生进到面试现场，面试官按惯例对他讲，请先自我介绍吧。

“我叫 ××，毕业于 ××× 学校，专业是计算机。”

说完这几句话，男生的自我介绍就完了，他感觉没什么可介绍的，两眼望着面试官，仿佛是在等下一步指令。

面试官似乎也觉得他的自我介绍过于简单，于是善意地提醒说：“你有什么爱好、特长，做过什么社会工作？”

男生答：“也没什么爱好，就是喜欢上网，特长是玩游戏。”

结果可想而知，这位同学被淘汰了。

案例中的男生没有掌握自我展示的技巧而失去一次机会很不值得。那么，面试有哪些技巧呢？

无论是考研还是找工作，自我介绍在面试中是必要环节。一般面试考官在问询和讲话之前，常常会先让应试者做一番自我介绍。为此，要做好充分的准备，争取使自己的自我介绍能给面试考官留下深刻的印象，并为后面的面试做好铺垫。

面试中的自我介绍怎么说、说什么很重要。

自我介绍要开门见山、简单扼要、突出个性，应遵循“简洁、清晰、客观”三个原则，针对所应聘职位的要求，突出重点，在两分钟内介绍自己的教育经历、有无实践经验、有何特长，并引申说明为何认为自己适合、能够胜任这份工作。为加深印象，也可适当幽默，使气氛更加融洽。例如介绍姓名时，可运用“联合记忆”法，如“我叫张亮，张飞的张，诸葛亮的亮”。姓名中体现“有勇有谋”，对方会认为你幽默风趣，更易记住你。

以求职中的自我介绍举例，一般来说，应包含以下八个方面：

（1）姓名、所学专业。

（2）应聘求职的岗位。

（3）应聘的简短理由（求职动机）。

（4）大学期间所学知识、专长、技能。

（5）参与的培训、社团活动或社会实习。

（6）兴趣、性格（与岗位要求相符合）。

（7）请求招聘单位给予面谈的机会。

（8）坚信通过自己的勤奋努力能够胜任这份工作。

究竟向面试考官介绍什么？他们会对哪方面的内容感兴趣？用什么样的表达方式？这是自我介绍的关键所在。

通常来说，面试中的自我介绍时间不长，短则2到3分钟，长则不超过5分钟。在这几分钟的时间里，要实事求是地概括反映出自己的主要经历、优点和应试想法，事前要认真考虑、提前准备。

第一，简明扼要，条理清晰。

自我介绍时要有条有理，简明地展示出自己的优势。自我介绍一完毕，面试官往往就会根据你的介绍内容提问，有的问题是你自我介绍中没交代清楚的，有的问题是预先准备好的，也有即兴提问的，尤其一些“刁钻”问题往往是有“弦外之音”的，应试者首先必须弄清题意，切中要害，针对问题的实质进行回答，不能偏离中心。要力求简洁明了、思路清楚，让面试官对你产生浓厚的兴趣。

第二，诚实谦逊，避免炫耀。

应试者对自己的业绩不宜过分渲染，用渲染业绩的办法求职会让面试考官觉得应试者不够谦虚或华而不实。不宜在自我介绍时把所有“闪光点”和盘托出，否则就会有虎头蛇尾之感。如果把一些成绩留在后面再说，会给面试考官以含而不露的美好印象，让其刮目相看。

第三，适意反应，适当调整。

面试考官出于了解应试者的目的，自然会注意应试者所做自我介绍的内容、语气等，也会对应试者的自我介绍做出反应。要注意观察面试考官的不同反应，适时恰当地调整自我介绍的内容、方式和语气等。要学会发现面试考官对什么内容比较感兴趣，在后面回答时可以有所侧重。此外，自我介绍的语言要简明，态度要诚恳、有礼貌。

一段短短的自我介绍，其实是为了更深入的面谈而设计的。精彩的自我介绍犹如商品广告，在有限的时间内，针对客户的需要，将自己最美好的一面毫无保留地表现出来。这不但会给对方留下深刻的印象，还会进一步引起面试官的兴趣，助力自己寻得满意的工作。

二、就业还是择业

就业还是择业？经济条件决定了先后。随着就业与择业之争越演越烈，很多应届毕业生都不知道何去何从。那么到底应该先就业还是先择业呢？或许决定权不在我们手上。有时候想得太多，反倒是一种烦恼，我们的选择不能脱离自己的客观条件。

负责学生就业工作的教师应该都深有体会，每年毕业季在统计就业数据时，有两类学生的就业协议最难催交，一类是能力较差找不到工作的，另一类是家庭经济条件不错不急着找工作的。很多父母甚至跟孩子说：没有合适的工作就不急，家里也不需要你挣钱。

这就好比走在路上，突然天空下起大雨，大家都没有带雨具。这时一定会有人冒雨往前跑，但也一定会有人停下来避雨，前者知道肯定不会有人为自已送雨具，而后者则是在等雨具或等雨停。如果你明知有人会送雨具来，你也跟着冒雨往前跑，那就不正常了。这是一个基本的逻辑问题，毕业生求职也是如此。

家庭经济条件往往会影响毕业生当下的求职选择。现在城市的很多家庭都是双职工、独生子，经济根本不是问题，问题是孩子大学毕业后总不能一直靠父母养着，必须得找个合意的工作。然而，合意的工作不是想找就能找来的，有各种不确定的因素导致暂时得不到想要的工作。在这种情形下，怎么办？跟那些缺乏经济来源保障的同学一样“病急乱投医”，那绝对是下策。

择业说到底就是给自己进行职业定位：自己想做什么？自己又能做什么？当这两个“什么”已有答案，就说明你有了明确的职业定位，剩下的就是如何朝这个方向进取了。然而，择业是需要过程的，这个过程所花费的是不定性的时间成本，有可能是一周两周，也有可能是一个月两个月，或者半年一年，甚至更长些。这样一来，有可能你比其他人就业晚，但因为有了职业定位与倾向，会少走很多弯路，找到合意工作的概率就比较高。

反过来，假如你的经济条件很一般，大学这四年还是靠父母四处借债坚持下来的，现在好不容易毕业了，家里还等着你的米下锅呢。在这种情形下，你放着眼前低薪的工作不干，大唱“先择业后就业”，那就不像话了。

俗话说，穷人的孩子早当家，现在没让你早当家，但到了非要你挑大梁的时刻，你就应该先考虑有事可做，先让自己有薪水可拿，而不是对自己眼前的职业挑挑拣拣，给家里继续增加负担。

当然，这并不是说你找到工作就不择业了，而是在你已经有工作的同时，按照自己心中的职业倾向，慢慢进行自我调整。

下面是一则关于择业还是就业话题的案例。

我曾带过一届教育技术学专业的毕业生，在他们毕业那年，就业形势很严峻。加上那时的教育技术学专业已经属于“过期”专业，来学校招聘的用人单位基本没有这个专业的需求。

当时班上有个男生叫阿哲，老家在贵州山区，家境比较贫困。在毕业时，班上一部分同学选择了考研，还有一部分同学在埋怨，挑企业、挑城市。

一次，一家合资鞋业公司来校招直销员，其他同学还在犹豫不定时，他就已经与公司签订了就业协议。用他的话讲：“干直销工作没有什么门槛，也没有什么求职方向可言，靠的就是一个人的勤奋、勤俭与勤跑，我没有等待与挑选的条件，我只有立即挣钱。”直销属于零成本、无风险、技术含量低的工作，在不是无路可走的前提下，绝大多数毕业生宁可“窝”着也不愿意去干这种掉面子的事，因为这不但要凭自己的口才，还要勤跑，才能不断挖掘新客户，拉出新单子。

毕业后，阿哲在QQ上跟我讲，做直销根本没有休息日。做了两年后，他熟悉并了解了直销行业，收入也渐渐提高，似乎很成功，因而也是比较幸运的。可是，他说他是被逼的，上有父母要养，下有妹妹要读书，爷爷奶奶年老多病也需要他的支持，他没有条件坐在家里等待合意的工作。但是他并没有“死心塌地”地把直销工作干下去，因为他的职业理想不是干直销，而是当一名出色的教师，这是他当初读教育技术学的初衷。所以当有老同学说他很成功时，他会说：“成功？我还没开始呢。”

两年后，他渡过了家庭经济难关，也有了一定的积蓄，这下，他择业了。有趣的是，干直销工作期间练就的口才与反应能力，使得他到广州一所高中“一择便成”，现在他已经成了学校的“名嘴”。

阿哲的“先就业后择业”的选择应该值得每一个人尊重。经济压力容不得他去等待与择业，只能被迫把“重塑经济基础”放在第一位。反观现在的大学毕业生，绝大多数人把直销工作看成很掉价的事，可是假如阿哲没有直销的历练，他能有后面的成功吗？

大学生毕竟是受过专业教育的人才，不是说有份工作就满足的，否则做职业生涯规划就没有任何意义了。但很多选择要符合各自条件和实际情况，如果经济条件允许，你可以耐心等待理想工作的出现，实现“一步到位”；但假如你的经济条件根本就无法支撑，你就要考虑“骑驴找马”，一边工作赚钱贴补开销，一边搜索你的理想职位，这样虽然时间长一点，但总比你坐吃山空强。

第五章　大学生成长的影响因素

本章主要从大学生的生活方式、大学生的生命观、大学生的心理问题三个方面分析影响大学生健康成长的因素。

第一节　大学生的生活方式

一、心理健康的概念和大学生心理健康的标准

（一）心理健康的概念

马克思主义哲学认为心理即意识，它是人脑的特有机能，是人脑对客观事物的反映。人的一切活动都离不开心理活动。心理活动是一个很复杂的过程，主要包括认识过程、情感过程和意志过程等。但对于心理健康的含义目前国内外学术界还没有给出一个公认的界定。大部分学者从概念的角度出发力争给心理健康一个概念界定，比较典型的观点大概有以下几例：

（1）台湾学者张春兴认为：心理健康是一种生活适应的良好状态。

（2）社会工作者波孟认为：心理健康是合乎某一水准的社会行为，一方面能为社会所接受，另一方面能为本身带来快乐。

（3）心理学家英格利士提出：心理健康是指一种持续的心理情况，当事者在这种情况下，能做出良好的适应，具有生命的活力，能充分发挥其身心潜能，这乃是一种积极的、丰富的情况，不仅仅是免于心理疾病而已。

（4）《简明不列颠百科全书》则指出：心理健康指个体心理在本身及环境条件许可范围内所达到的最佳功能状态，不是指绝对的十全十美状态。

透过上述观点我们可以总结出心理是人脑对客观事物的反映，是最复杂的一种人体现象。心理活动现象主要由三部分组成：认识过程，包括视觉、感觉、知觉、思维、记忆等；情感过程，包括喜怒哀乐等；意志过程，包括自觉性、

抗压性、勇气、主动、坚持等。

（二）大学生心理健康的标准

了解了心理健康的含义，那么心理健康有没有一个标准，什么样的心理才是健康的，这就涉及心理健康的标准问题。大部分社会学家和心理学者在给心理健康下定义的同时还进一步指出了心理健康的标准，大概有如下几个：

（1）1946年第三届国际心理卫生大会曾为心理健康做如下界定：所谓心理健康是指在身体智能以及情感上与他人的心理健康不相矛盾的范围内，将个人的心境发展为最佳的状态。将身体健康、情绪稳定、智力正常；适应能力强，妥善处理人际关系；对生活拥有幸福感；习惯通过个人的努力和付出，将才智运用到工作中，获得稳定的生活四方面列为参考标准。

（2）美国著名心理学家马斯洛和米特尔曼提出了正常人心理健康的七条标准，其中包括：充分的安全感；生活的目标切合实际；充分地了解自己，并对自己的能力做适当的评价；不脱离周围的现实环境；能保持人格的完整与和谐；具有从经验中学习的能力；能保持良好的人际关系；能适度地发泄情绪和控制情绪；在不违背团体的要求下，能使个性得到发展；在不违背社会规范的前提下，能恰当满足个人的基本要求。

（3）美国学者坎布斯指出了心理健康的标准有四个方面：①积极的自我观念；②恰当地认同他人；③面对和接受现实；④主观经验丰富，可供利用。

（4）中国台湾学者黄坚厚提出了如下标准：①能主动与人交往，处理好各种人际关系，拥有积极向上的心态；②能充分了解自身，做出客观的评价，能掌控自己的情绪和行为；③喜欢参与集体性工作，在工作中发现乐趣，在工作中贡献自己的聪明才智。

因此，综合各家所长，高校大学生心理健康的衡量标准应该包括如下几点：

第一，正确的自我意识是心理健康的前提。

拥有正确自我意识的人，能够客观地看待自身的特长，拥有自信，能客观评价自身存在的不足和缺点，并且不因此而感到自卑。具有正确的自我意识，能够使我们了解自己以及与他人的关系，并在此过程中客观分析自己和所处的环境，并形成正确的思想认识，进而指导人们正常地与他人交往。

第二，乐观自信、意志坚定是心理健康的表现。

意志是指在达到既定目标之前，能够积极去正视，克服困难，不逃避并且妥善处理各种问题，从而实现目标。通常情况下，心理健康的人，在面对困难和阻碍时，乐观自信、意志坚定，并且善于掌控自我，具有坚忍不拔的精神，有较好的自制力。

心理健康的人，在参与社会活动的过程中，能够做到目的明确，自控能力强，敢于直面事实，具有自信、坚韧、锲而不舍的精神。坚强的意志品质是每个人取得成功的重要保障。大学生在大学阶段，不仅要提高知识水平，更要锻炼自我，拥有健康的生活理念，拥有健康的心理，培养自己坚强的意志力，实现自己学业和事业的成功。著名生理学家巴甫洛夫指出："忧愁、顾虑和悲观，可以使人得病；积极、愉快、坚强的意志和乐观的情绪，可以战胜疾病，更可以使人强壮和长寿。"大学生要对未来充满希望，对自身充满自信，对生活充满热爱，敢于面对困难，勇于接受挑战，面对困难和失败要拥有无畏的精神，这些都是获得幸福生活的基础条件。

第三，心理健康有助于建立良好的人际关系。

作为社会中的个体，人都生活在某一群体当中，拥有良好的人际关系，有助于实现生存与发展。健康的心理能够帮助人们充分认识到如何适应外部环境，如何处理好人们之间的关系。大学生应拥有健康的心理，有良好的情绪、坚强的意志，积极与他人进行交流，并对自身做好正确、清醒的认识。马斯洛指出："继生理需要与安全需要之后产生的归属需要以及自尊的需要都属于缺失性需要，必须使这些得到一定程度的满足，要不然主体将会丧失安全感进而影响到主体的心理健康。"

大学生要充分意识到大学生活与社会生活的共性和不同，要通过调整心态、锻炼身体、加强实践，来增强自身面对压力和困难的能力，并以此增强自身适应社会发展、适应激烈竞争的能力，从而实现自我、发展自我。

二、身体健康的内涵和大学生身体健康的标准

（一）身体健康的内涵

身体健康包含了两个方面的内涵，一是指主要脏器无疾病，人体各系统具有良好的生理功能，有较强的身体活动能力和劳动工作能力，这是身体健康的最基本的要求。二是指对疾病的抵抗能力，即维持健康的能力。

（二）大学生身体健康的标准

结合国家教育培养要求，大学生身体健康包括：掌握并擅长1～2项体育项目，具备一定的锻炼基础，熟知体育常识，有坚持锻炼身体的良好习惯，可以被认为拥有健康的身体素质。

健康的身体，是人们生活、学习的基石，是人们实现理想目标的前提，大

学生身体健康，能够有利于其顺利完成学业。毛泽东曾经说过：“体者，载知识之车而寓道德之舍也。”由此可见，拥有健康的身体，能够使人更快地适应生活环境，能从容面对生活中的困难和挫折，能保持良好的学习状态，对生活充满热爱，精神状态饱满，头脑清醒，反应迅速，承受压力能力强。大学生身体健康，是其智育和德育健康发展的先决条件。

三、大学生不良生活方式

（一）大学生不良生活方式的表现

健康性、积极性是大学生生活方式发展的趋势，但还是存在着许多问题，主要表现在以下方面：

1. 日常生活方面

首先，饮食不规律，绝大部分大学生没有养成每天吃早餐的习惯，这在低年级的大学生中较为普遍。随着年级的增加，吃早餐的人数呈递增趋势，一部分原因是家长的关心与督促，另一部分原因是大学生了解了健康基础知识，已经清楚不吃早餐的危害。

其次，拖延症已经成为当代大学生的时代病，他们也明白这个道理，却总是改不了。有一项调查结果显示，97% 的大学生或多或少的有拖延症。

下面，让我们来看看一位同学对拖延症的自述。

早上八点我从睡梦中醒来，因为昨天我发誓要在今天上午把人力资源的论文完成。寝室内依然是一片漆黑，我赖在被窝里打开手机，刷刷微博，看看知乎。我一看表，九点已过，还是想拖，继续在床上各种打滚。又过了一会儿，十一点半了，一上午论文没写，书也没看，生生赖在床上。背负着满满的负罪感，我认真分析了我拖延的毛病，多少有些感悟，下面来为大家分享一下。

拖延症真的是我们的时代病，无论是朋友圈里的各种向拖延宣战，还是因为拖延带给我们的诸多困扰。拖延这个话题，与我们息息相关。

我大致观察了一下，在我周围自诩为拖延症的人群中，有辛勤工作几乎每天加班到半夜的 IT 公司的程序员，有从大一开始拿遍各种奖学金的学霸，有年纪轻轻就评上教授的学者，有一天到晚窝在宿舍玩网游的问题学生，也有因为毕业论文而焦虑万分的硕士生或博士生。

我奇怪地发现，周围各种自诩为拖延症的人群，表面上看几乎没有什么共同点。在这么一个“人人都有病”的时代，人们喜欢用一些似是而非的心理学概念来表达他们的自我怀疑和焦虑。

拖延症没有让我们病入膏肓，天天吃药，也没有轻到无关痛痒，它轻重刚好，于是被人们广为传播，成为常见的心理疾病。

他们苦苦抱怨自己拖延的背后是这样的潜台词：“为什么别人看起来更有效率，我却不行？”“为什么我明明曾经做得更好，现在却不行？”除了理想主义，这个潜台词的背后常常是出于对意志力的误解。

例如，他们会误以为意志力是完全主观的，能随意愿的改变而改变，如果他们表现出松懈，不是意志力这个条件的客观限制，而是自己在偷懒，换句话说就是完全相信自己的硬件没问题，只是软件出了故障。

曾在某个阶段保持专注和高效后，他们也容易误以为，自己在每个阶段的每个任务中都应该保持这样的专注和高效，否则就是拖延症。这就像你曾经用12 秒跑了 100 米，当跑马拉松的时候你仍期待自己应该保持这样的速度，这无疑是天方夜谭。

也有很多人的拖延，其实是一种主动选择的工作策略。

他们喜欢把事情放到最后一刻来做，喜欢在高压下有效率地工作。回过头来，他们却觉得自己要能早点动手，就不用承担最后期限之前的焦虑和抓狂了。但他们很清楚自己的潜力，下次他们仍然会把事情留到最后，而且总能在最后期限之前完成，他们知道自己有揽瓷器活的金刚钻。

然而不管怎样，拖延还会在潜意识里直接或间接地对我们产生消极的影响，下面就给大家分享一些应对拖延症的小技巧。

（1）发挥梦想的力量：这条看上去像碗百年老字号的鸡汤，然而真理总是真理。

当你有了梦想，或者是一个小目标的时候，面对拖延的诱惑，你就会理性地分析“不拖延能节省多少时间”“这些时间可以完成多少既定的目标”等诸如此类的问题。那时候你就会感觉胸口一惊，不甘于咸鱼的命运，努力走上人生巅峰。

（2）自我激励而非一味自我内疚自责：当我们拖延的时候，又非常内疚、后悔，感觉自己像一条没有梦想的咸鱼。

这种想法是大错特错的，内疚、后悔好比是良师益友，鞭策着我们不去犯错。因此我们应该为我们的内疚、后悔而欣慰，而不能一味只知内疚自责，应该适当自我激励，知错能改，善莫大焉。

（3）和诱惑源保持距离：这个就相当容易理解了，比如把手机放在离床很远的桌子上，这样就不会出现早上窝在被窝里长时间玩手机的情况。

总之，远离诱惑源，不让心魔有机可乘，会使你受益颇丰。

（4）和自己谈判：确实，改善拖延症很重要的一点，在于处理和自己的对话。你不能对自己太苛刻，但也不能对自己太放松。你可以聪明地利用拖延症的一些特点说服自己。

从这个意义上说，自我管理的本质就是自我谈判。拖延症的一大特点就是状态的切换有阻力。

正如你在玩游戏，如果立即让你去学习半个小时，你就特别抓狂；然而当你已经学了一个小时，再让你学半个小时，你就会欣然接受。绝大多数人认为是先选择工作还是玩游戏无关紧要，只是当你选择先玩游戏的话，就会挤压你工作的时间，这个切换并不像我们所想象的那样轻而易举。

这个时候就需要与自己谈判，例如，“你个傻瓜！赶快去学习，别打游戏了！”“就十分钟，再玩十分钟。”“那好吧，只许十分钟，多玩一秒钟都不行。”短短几句与自己的对话就会消除我们对于切换状态的恐惧。

顺便一提，在我的寝室中有位舍友，每天早上起床，先大喊一声“起床啦”，然后过十分钟才醒，方式虽然奇葩，但是他的确是我们寝室唯一早上不逃课的人。

克服拖延症并不困难，只要正确认识它，运用正确的方法，树立信心，相信你也能成为一个自律自省的人！

2. 学习方面

首先，学习具有盲目性。部分大学生不能确定学习目标，将学习看作一种任务，缺少对选择专业的学习主动性和深入研究的积极性。调查显示，有接近四分之一的学生没有学习的动力或者偶尔才有学习的动力，并且有超过 55% 的学生的学习都带有功利性，这些学生的学习已不单纯是为了学习和研究，而是作为找工作的敲门砖，甚至有部分学生对自己的学习任务有所放松，把全部的时间用来做兼职，最后是学习和兼职都不兼得。

其次，学习的积极性不高。大学学分制的规定让很多学生有了更多的自由的时间，由于与教师的接触并非像高中时代那样频繁，导致许多学生缺乏主动性。此外，大学生毕业的最终考核是学位论文的完成，导师对学生的指导只是宏观的、原则上的指导，具体的研究还要学生自己去做。然而，由于缺乏学习的主动性，学生不知道如何去组织管理自己的学习，慢慢地就处于消极的学习状态。

再次，发现问题的意识不足。步入大学课堂，大学生的学习方法转变为主动、发现、探索性的方式，应从发现问题入手，探索更多的专业知识。但是，在实际的教育管理中发现，仍有众多的大学生没有及时调整学习方法，学习仍以教材为主，依旧善于将教材内容进行归纳、记忆，过多追求的是知识理论上的系统化和完善化。大学生缺乏对教学内容提出疑问，发现问题的意识，不能将学习形式从理论延伸到实际，难以灵活应用专业知识。

最后，缺少创新精神。大学的学习需要培养创新意识，科学研究更需要创新精神。创新是一个民族进步的灵魂，是国家兴旺发达的不竭动力。目前，大学生的学习过程都是单向接收教师的传授内容，缺少对学习内容的参与和讨论，缺少创新意识和创新精神，缺少对课题的深入思考、勇敢的探索，不能够主动在学习中提出自己的观点和思路。

大学里经常听到各种比赛的宣传，有些学生可能会嗤之以鼻，而有些学生却视若珍宝。无可置疑，如果能在大型的校级、市级甚至省级、国家级比赛中拿到名次，将来写到简历上将会是一道极为亮丽的风景线。

下面，让我们来看两个案例。

案例一：如何通过学习赢得各项比赛。

在我上大学不久就接触了各类比赛，自寻的也好，推荐的也好，现在已经过去一段时间了。

大学时候参加各种各样的比赛对个人到底有没有好处呢？我想答案是肯定的。

大学的我们已经告别了那个单单读书的年纪，这个阶段更多的是看重对于自身能力的培养。那么，各类比赛层出不穷，我们应该怎么进行筛选呢？

（1）专业相关：参加与专业相关的比赛可以说收益满满，一方面可以巩固自己的专业知识，在比赛过程中合理地运用这些专业知识并加深理解；另一方面，专业类证书对未来的就业方向起到敲门砖的作用。在现阶段，求职已经不只是凭借高校等级来作为入职门槛了，更多的企业看重的是大学时期个人能力的培养，而证书（证明）就是最好的证明。

参加比赛会不会有很多不了解的专业知识？这是一定的。但是在比赛的过程中，我们通过自学或者求教，与尚未了解的知识提前“见面”，对未来专业上的发展有着相当大的好处。

另外，可以广泛结交专业类朋友，这看似较为隐晦的一点，于我个人来看却是最为珍贵的。通过某一种途径结交的朋友，可以体现出你们在同一领域或者说同一种生活态度上的相似点，在未来的发展中可以起到促进学习的作用。取长补短，才可以有效地对自我能力进行有针对性的提升。

（2）兴趣相关：参加与兴趣相关的比赛有一个特别的点，那就是在自己擅长的领域内寻找和自身兴趣爱好相同的小伙伴结为朋友。

如果能力过关，还可以取得具有含金量的证书来提高自己的专业等级。有了这样的证书，自己的特长肯定可以发展得更好了。

我在大一、大二的时候参加了许多写作比赛，多数比赛都集中在文学作品方向，我在参赛的过程中认识了许多同样忠于文学的同学，与他们一起沟通交流，分享自己对文学的看法。

在此之前，我只是单纯地觉得自己具备这方面的天赋，可是不被专业领域认可的感觉并不好受。于是，我就在网上找了比赛去参加。我不怕没有成绩，时间长了成绩会有的，我只是想在比赛中看到自己的水平。

（3）热门相关：之所以叫与热门相关，是因为这类比赛与未来个人的发展或者说就业前景有着密不可分的关系。

我们都听说过，某些职场新人因为做得一手美观实用的PPT而提早迎来加薪升职，因为熟悉办公软件而被上司看好，这些基础的互联网技能在现代公司里常常用来衡量一个人的基本能力。

你可以不精通，但是不能做一个“门外汉”。现在一些行业发展蒸蒸日上，更多的互联网公司成为竞争主流，优厚的福利、薪资待遇都是吸引人才进驻的因素。也许你并不满意当前自己所从事的职业或者说学习的专业，但这些仅仅凭借抱怨是无法改变的。

你能做的，就是在未来的某一天，当你选择了自己真正希望从事的行业的时候，具有基本的竞争能力以及入门水准。

那么在大学，什么样的能力是真正被需要的呢？

妥善的人际关系处理、耐心的自我情绪梳理、中立的主观事实分析、可靠的工作办事能力，这些大多属于基本的个人素质。伴随着自身接触人群层次的提高，你会发现，在精英的人脉圈中，被默认为基本素质的要素越多。

你以为的优秀只是低级别的优秀，但可以让它成为高级别优秀的基础。这时候就需要我们具备较强的能力来帮助我们在未来的竞争中占据一席之地。

你说你的文案编辑能力强，那就去提高写作水平，并且让他人认同你的文案编辑能力。这种观念的形成，可以在一类组织内部形成优先的核心竞争力，每次提及写作，有人会立刻想到你。

一个队伍的组织是需要很多条件的，也就是说需要很多不同类型的人进入并且进行加持，这样才可以让一个团队走得更远。一个人可以做得很好，但是一群人才可以走得很远，这句话在哪里都适用。

我在大学这些年，通过在一些大型的学生组织中摸爬滚打发现，组织缺少的永远不是创意，这并不是说组织内部的自我创意足够丰富或者想法确实独到，而是说大多数组织内部的个人创意可以满足组织基本的线下活动运营，他们缺少的往往是技术门类的人才。

甚至还有一些组织在线下创办活动需要视频、音频的时候竟然去网上花费公款寻人制作，浪费了金钱尚且不说，更容易出现甲乙双方因观念不同而导致产品效果欠佳的问题。

其实，这些组织内部是设置了技术部门的，只是这些所谓的技术人员大多没有足够的实力。倘若你获得过排版设计创意方面的奖项，那么你的水平可以说基本上超过了70%左右技术部门中的小伙伴儿了。技术永远都是硬伤，创意不是。拥有创意可以拥有话语权，拥有技术可以拥有决定权，往往如此。

上了大学，如果有时间，请尽快学习Photoshop、Premiere，很加分的。过硬的个人能力就是大学生涯用来行走的铁饭碗，领域内的纵深发展才是一个人成功的关键所在。

没有谁的成功是简单说说而来的，学业也好，赛事也罢，都需要一步一个脚印，才能收获硕果。

案例二：把兴趣和爱好发挥到极致，就能成为特长。

热爱可抵岁月漫长。每个人都是一颗闪亮的星。的确，一人有两三个爱好，此生心海中无时无刻不在激荡着欢悦和感激。不过大多数人选择将它们静静珍藏，和岁月的粗粝抵抗，偶尔会怀念曾经的过往。何不取出，让它们光芒万丈，你我本来就是一颗颗闪闪发光的小星球。

不想当裁缝的厨子不是好司机。多数人看到这句话都会不禁大笑。可仔细想想，这句不合逻辑、看似荒诞的话，还真有点道理在里面。这句话里包含了三个职业：裁缝、厨子、司机，分别对应兴趣、职业、特长。

“不想当裁缝”当然是对这项工作不感兴趣了，本职工作却偏偏是“厨子”，能称得上“好司机”的必然是具备驾驶特长，开车技术水平高的人。

今天谈到的话题就是兴趣、爱好和特长。

从小到大，我们填过无数次表格，有些表格里总会设置一个扎心的选项：兴趣、爱好和特长。有的人容易混淆兴趣、爱好和特长，不知道怎么填。其实三者不能完全放在一起理解。兴趣和爱好既很相近，又有所区别。

兴趣是出于对事物的好奇和求知，比如对音乐、汽车、绘画、历史等很有兴趣，兴趣的范围可以很广泛，可以对事、对物，甚至对人感兴趣。爱好相对于兴趣来说要高一个层次，可以理解为在感兴趣的基础上非常喜欢，会付出时间、精力去了解并接触。比如爱好唱歌会练习，爱好钓鱼会去垂钓，爱好汽车会去研究，爱好书法会去临摹。特长则是指自己已经通过反复锻炼或潜意识领悟而得到的某项技能。一般别人很难达到的成就才被称为特长。

简单理解就是，兴趣是你对它有感觉的东西，爱好是你喜欢的东西，特长是你会做的东西。那么兴趣、爱好和特长，与职业有关系吗？既有关系，也没有关系。

就像开头所说“不想当裁缝的厨子不是好司机”。很多人正在从事的工作不一定是自己感兴趣或擅长的，但为了生活又不得不去做，所以会感觉生活没意思，过得没有劲儿。

有少数人致力追求自己感兴趣的职业，并不惜一切代价去实现它。这样的人很令人佩服。比如下面这个案例：

一个计算机专业成绩还不错的大三女生来申请退学，理由是对计算机没兴趣，喜欢音乐。当时辅导员很震撼，虽然觉得有些可惜，但还是祝愿她在音乐道路上有所成就。兴趣能让人保持愉快的心理状态和工作状态，对人的认识和活动会产生积极的影响，有利于今后的发展。

有少部分人能够根据自己的兴趣、爱好来做职业生涯规划，还有少部分人在走过弯路后能鼓起勇气调整自己的职业发展方向，大多数人从事的职业与兴趣、爱好和特长并无直接的联系。

原因有很多，有的人兴趣爱好太广泛，不清楚究竟哪项和职业挂钩；有的人的特长不足以成为谋生的手段，所以必须要从事一份能养家糊口的职业；还有的人根本就不清楚自己的兴趣、爱好、特长到底是什么。

还有学生对自己的专业没有热情，想转专业。其实这个问题带有一定的普遍性，不少同学都面临这类情况。

其实不鼓励大学生像前面提到的那个退学女生那样，为了兴趣去改变现有的一切。因为你们看到的只是她为了兴趣和梦想去退学，却没有看到她为此思考过很多，她对今后的发展进行过详细规划，更重要的是她有特长，从小学琴。在她申请退学之前，她就已经在琴行找到一份能养活自己的工作。

而你呢？有的人，兴趣也仅仅是个兴趣。

鲁迅以前是学医的，在一次观看幻灯片时，看到一个中国人给俄国人当间谍但后来被杀了时，一些中国学生无动于衷。所以，鲁迅想，现在的中国人不是身体上有问题，而是精神上有问题。于是，他弃医从文，开始写作，以激励中国人。要知道，鲁迅在12岁的时候就熟读《四书》《五经》之类的古书，他改行选择的是他擅长的领域。

京东商城CE0刘强东毕业于中国人民大学社会学系。进入人大就读后，刘强东发现社会学系的毕业生在当年的就业环境中，别说当官，就连工作都很难找到。于是，在大学期间，酷爱计算机的他将所有课余时间用来学习编程，独立开发多个项目。毕业后他开始创业，开过饭馆，卖过光盘，赔过钱，填过坑。他真正的兴趣却是电子商务，并一直关注着这个行业，经过多年拼搏，成就了今天的京东商城。

那么问题来了，我们应该怎样把兴趣、爱好培养成一门特长呢？

“我对某某某感兴趣”和“我的特长是什么”是两句含义相去甚远的话。兴趣可以有很多，一旦转化为了特长，就变成了一把锋利的刀，变成了一项谋生的职业技能。

大学四年除了日常学习之外，有很多时间可以让你进行业余学习。比如学习自己感兴趣的写作、音乐、运动、新媒体等。通过业余学习，就算不能做到精通，至少能做到熟练，而熟练就意味着过了一个思想的门槛，懂得了基本的规律，往后发展下去成为一门职业都不是难事。

即使不能成为一门职业，能有特长，在今后的竞争中都是重要的砝码。拿使用 Photoshop、PPT 等软件来说，如果用得很熟，到了关键时刻就不需要求人，有合适的机会露一手，大家也会对你刮目相看。比如唱歌，如果只是感兴趣，就只会去听听；如果上升到爱好的话，就会去学唱歌；如果强化为特长的话，就能成为一项技能，有机会表露，就能为自己添彩不少。

每个人都有兴趣、爱好，但不是每个人都有特长。

如果把兴趣、爱好提升到特长，有时格局就会不一样。有个朋友跟客户去参加一个产品发布会，不巧走到半路客户的车出了故障。这个人是个汽车发烧友，没事就爱捣鼓汽车。客户万般焦急的时候，他一声不响地很快就把故障排除了，使客户没有耽误这个重要的发布会。这位客户也是个爱车之人，很快俩人成了朋友，这个朋友也从客户手中签到几笔大单。

有的人兴趣、爱好广泛，但不可能把所有爱好都变成特长。每个人至少要有一到两项说得出来的特长。拥有兴趣、爱好和特长，不仅能够扩大自己的圈子，还能使自己交到一些志趣相投的朋友。一起打球会结识球友，户外有驴友，集邮有藏友，喜欢汽车有车友，喜欢写作会结识读者和粉丝，这些都会在无形之中拓展人脉，提高自己的人际交往能力和社会适应能力。

培养兴趣爱好既能丰富你的业余生活，又能让你放松身心，提高综合素质，还能提高你学习和工作的效率。在当今快节奏的生活中，每个人都有压力，工作和学习对我们来说太枯燥了，哪怕是机器，周而复始地做同一件事情也会坏掉。我们要学会利用兴趣、爱好和特长来调节自己，包括和家人、朋友的关系。

每个人都应该拥有自己的兴趣和爱好，把兴趣和爱好发挥到极致，就能成为特长，它将使你终身受益。

（二）大学生不良生活方式形成原因及对策

1. 消费方式不合理

大学生缺乏独立生活的意识，更缺乏独立获得经济来源的意识，有近七成的大学生在校期间的生活费用仍以家庭提供为主，仅有小部分大学生是通过兼职实习或者学习奖励来获得生活费用的。大学生缺乏经济独立意识的问题突出。学生的家长都希望子女能够顺利完成学业，对于经济消费很少干预，另外，大学生受社会环境影响，日常的消费项目从餐饮和学习扩大到娱乐、交友等物质消费，并且过多地注重物质享受，缺少精神熏陶。

消费观念变得超前。大学校园里，拥有信用卡的学生大有人在，而且比例呈上升趋势，他们追求提前消费、透支消费、提前享受，透支消费信用卡购买流行服饰、参加潮流派对、喝咖啡聊天等。有的大学生甚至出现借贷行为，以进行超前消费。

消费有攀比现象。目前的大学校园，追求时尚、追赶潮流的学生成为大学生心目中羡慕的对象，大学生之间对于衣着、手机、电脑等物品存在着攀比的现象，导致有的学生为了获得更多的物质享受欺骗家长，甚至发生盗窃等。

那么，大学生应如何合理消费？下面这个自述案例可以给人以启示。

爱美之心人皆有之，但若随波逐流地模仿跟风，便是一种病态了。下面故事中的这个女孩是我的朋友，她追求奢华的艰辛历程让我震惊。追求奢侈品永远没有尽头，唯有内心的充实与安宁才是值得我们终生为之奋斗的。

我一直坚信每个女孩都能活出自己，不论是生活上还是精神上，自爱自尊自强自怜自美，能够独立，能够明确自己的生活方式，能够为了美好的明天而奋斗。

所以见到她时，我希望她也是这样的女孩。

刚见到她的时候，她的眼神中透露出一种说不出的坚定与自信，那时候的她，一定坚信自己是全世界最努力的女孩。

我很高兴，认定她就是我心目中想象的女孩。

我俩在网络上认识，因为同城，所以时常见面。她很普通，只是一个大二的学生。

“生活费加上我兼职的费用，再省着点吃，差不多三个月我就能买巴黎世家那双鞋子了。”那是一双新出不久的鞋子，在潮流圈掀起了一股浪潮。

她看着太阳，似是心里想到了三个月后拥有那双鞋子的自己，嘴角止不住上扬。看着她，我心里有种说不出的难过。回去后我偷偷查了查售价，叹了口气。

她只是一个普通的女孩，一个月1000块不到的生活费，靠着自己周末起早贪黑的兼职买自己青睐的衣服和喜欢的包。

她对服饰的需求越来越高，然而她的薪金一成不变，没有突然而来的奖金，也没有额外的资助。她那坚定的眼神与自信的话语背后，透露着欲望和贪婪。当这种无穷的欲望和那不变的薪金不匹配时，满足欲望是要付出巨大的代价的。

“她每天都只吃两顿饭，两顿饭还是最简单的。”一个多月后，她的舍友给我发过来消息，语音中我听到了舍友对她行为的不理解。

原来这是她没有联系我的原因：不想让我知道她是如此省钱。

我赶去了她的学校，正巧看到了打工回来的她。脸上泛油，皮肤也比一个月前差了许多，貌似是没有化妆的缘故，她的眼袋与黑眼圈在路灯下被照得格外明显。但她的眼神依然坚定，总是给我发出一种自信满满的信号。

“这么巧啊，看我这个周末赚的工资。”她非常有力地举起手机给我看她的微信钱包，好像在跟我炫耀仅仅一个周末就可以挣这么多钱。她的嘴角始终保持上扬。

我看着她，尴尬一笑，寒暄几句便找个借口匆匆离去。我实在想不通一双鞋子的魔力究竟在哪。我去问懂行的朋友，才知道原来像她一样的人还有很多。

那时我才明白，一双鞋子真的可以让一个女孩变得廉价。

接下来一个多月，她的所有事情，我都只能从她的舍友那里听来，从一开始的两顿简餐变成了只吃泡面，从以前喜好社交与吃美食变成了四处寻求兼职，她的努力看起来那么催人上进，却又那么廉价。

她的舍友无处吐槽，便只能找我发泄。

“我们全都劝不动，你说一双奢侈品鞋子，又不能将她变成上流人士，也不能改变我们对她的看法，真的值得吗？”

“她自己也不知道自己是不是真的喜欢。如果真的只是爱虚荣，她大可去买双高仿鞋子，不也一样？唉！我们也是拿她没有办法。”

看得出来，对那双鞋子的态度，就连她自己都没有一个定论，何况是我们这些旁观的人。

我也是满脸的无奈。又过去了两个月，收到她向我发来的观赏鞋子的“邀请函”，我决定去看看她。

在去学校的路上，我一直在心里暗示自己，等会见到她一定要对她说一些鼓励的话，给她支持。毕竟，她这几个月，做到了她想做到的事。

但当我见到她时，我提到嗓子眼的话都被憋了回去。她的头发非常乱，一看就是长期没有打理；脸上的妆也并不精致；身材没有了几个月前见到的那般匀称，只可以用消瘦来形容。那双色彩鲜艳的鞋子，似乎挑了个不太精致的主人。

"你看我做到了。"她那眼神中仍然透露着自信，嘴角也始终上扬。

但我已经情愿相信，那是挤出来的。"嗯，恭喜你。"和几个月前一样，我并没有多说，虽然我早已做好心理准备，但我仍然无法直视她的眼睛。

设计总监普拉达先生说过："要伪装奢华是很容易的。给品牌添加一些历史细节，再加上一点珍贵的装饰，就成了奢华。"

我看到她时，没有看到那双鞋子所带给她的奢华，取而代之的，是包裹住那双鞋子的整体的廉价。

知乎上曾有这样一个问题，女孩子到底收入达到多少才能购买奢侈品？很明显，这并没有标准答案。

但是，当一个人因为一件奢侈品而把自己变得廉价的时候，奢侈品本身，也就没有了奢华的价值；当一个人真的可以看到自身存在的奢华价值的时候，就连一根头发，都会变得奢侈。

2. 时间管理方式不当

首先，时间安排不合理。大学生对于学习之外的时间不会合理安排，活动的方式也比较单一，如看电影、上网聊天、购物、谈恋爱等。大学生缺少系统的计划和安排，同时，尽管有部分大学生以锻炼、熟悉社会为目的利用周末做兼职，但由于过多追求金钱利益，以至于出现旷课等影响正常学习的现象。

其次，主观追求与实际行为不协调。大学生在主观上追求积极向上的、高雅的、充实的生活，但实际行为与之不符。大部分大学生把空闲时间用于消磨时光、娱乐消遣，如上网聊天、逛街购物等，但用于增长专业知识和专业技能、提升自我的活动较少。

如何合理地进行时间管理，下面列举五个方面：

第一，六点优先工作制。简单来说，六点优先工作制主要包括以下几个步骤：

（1）在前一天晚上写下第二天要做的全部事情，包括明天应该完成的任务、可能遇到的状况及应对策略等，对目标、任务、会议等分别按优先级进行排序。

（2）化整为零，把大的、艰难的任务细分为小的、容易的部分。

（3）从优先级最高的事情着手。按事情的重要顺序，分别从"1"到"6"标出六件最重要的。

（4）和拖延做斗争。每天全力以赴做标号为“1”的事情，直到它被完成或被完全准备好，然后再全力以赴做标号为“2”的事情，以此类推。

没有目标是时间管理的大忌，目标越明确，注意力越集中，就越容易在时间的选择上做出明智的决断，正所谓在对的时间做对的事。

第二，发现自己的效率曲线。研究证明，人的生理和心理曲线都呈现出高低起伏的波动状态。要达到事半功倍的效果就要了解自己的能量周期，依据自己能量的高低潮来安排适当的事情，这是提高时间效率的重要诀窍。每个人都有自己最佳的工作或学习时间即黄金时间。如有些人的黄金时间是早上9：00—11：00，有些人可能是晚上21：00—23：00。因此，我们必须根据自己的黄金时间来合理规划工作内容，才能真正对时间进行有效的安排。

第三，学会拒绝。众所周知，老好人往往是方便了别人却苦了自己，而且很重要的是浪费了自己许多宝贵的时间。他们认为在朋友、领导面前说“不”总有些难为情。但是他们可以说：“很抱歉我现在没时间，我有事情在忙。”要学会拒绝，如告诉对方自己在忙；或在打电话时设定期限，告诉对方自己能谈几分钟；也可以把手机设成静音，设置不被打扰的时间。

第四，合理安排零星时间。对大学生来说，零星时间主要包括学习的间歇、用餐时间、上课或下课路上的时间、晚上睡觉前的时间等。一天的零星时间可能有限，但一周、一个月、一年的零星时间加起来数量却是惊人的。

第五，设置最后期限。拖延是一种危险的恶习，对每个渴望成功的人来说，拖延是最具破坏性的敌人。拖延就是明明知道应该去做什么，但迟迟不做。要消除拖延，就要给自己设限，给每件任务设限，因为有期限才有紧迫感，有紧迫感才能高效率地做事。可以说，设定期限是时间管理的重要标志。设限也要采取奖罚分明的政策，做到就鼓励自己，做不到就适当自我惩罚。

3. 人际交往方式不良

在大学里，没有一个良好的人际关系，很难快乐地学习和生活，甚至会影响你的学业，而有良好人际关系的人，是班上的“明星”，令人羡慕。他们在班上有融洽的人际关系，受到大家的重视和赞美，因而具有自信心。应该说，每位学生都希望自己有良好的人际关系，也就是“得人缘”。可有些学生在认识上存在误区，他们以为人缘就是会拉关系，有的视为哥们儿义气，有的觉得是讨好卖乖，等等。

但无论怎样，人缘型的学生总是会受到同学们的欢迎，这点是不可否认的。

对人缘型学生进行观察发现，他们之所以能够左右逢源，至少具有以下几点品质：

（1）尊重他人，关心他人，对人一视同仁，富有同情心。

（2）积极参加班集体的活动，对工作非常认真和负责任。

（3）待人真诚，乐于助人。

（4）重视自己的独立性，且具有谦逊的品质。

（5）有多方面的兴趣和爱好。

（6）有幽默感。

（7）外在形象良好。

可见，人缘不是刻意追求得来的，而是对一个人优良的个性品质的回报。那么，如何在大学里建立良好的人缘呢?

第一，谦虚谨慎，摆正位置。要做到这一点的关键是正确认识自己的过去，忘记过去的辉煌或阴影，把大学生活作为一个新的起点，平静地看待周围的人和事，保持一种平和而理智的心态。

第二，平等相待，真诚相处。大学生在进行人际交往时要以诚相待。大学生之间存在差别，但他们在交往中都刻意追求平等，强者不愿被迎合，弱者不愿被鄙视。因此，在学习和生活中，大学生应该互帮互助。“善大，莫过于诚”，热诚的赞许与诚恳的批评，都能使彼此愿意去了解。

第三，合作协助，友好竞争。生活在相同的环境中，彼此间的合作不可避免。我们应该在别人午睡时尽量放轻动作，听音乐时戴上耳机，有舍友亲友来访时热情接待。“勿以善小而不为”，当我们设身处地地为别人着想时，彼此合作的契机便会来临。在与他人的竞争中，倡导“公平公开”，既竞争又以诚相助，既竞争又合作。评奖学金、争保研资格等，凭的是实力，讲的是公平。钩心斗角不一定能达到目的，还会失去大家的认可。

如果我们能努力朝这些方向前进，就会发现，一切正在悄然改变：朋友之间的不快荡然无存；能够畅言的知音越来越多；亲友间互敬互爱。我们会过得充实，会觉得人际交往是一件自然与轻松的事，会对学习和生活持乐观的态度，对以后的人生充满信心。

“得人缘”“好人缘”不是去做有求必应的“好人”，大学生处理人际关系时要学会拒绝。

在我们身边，有很多同学不好意思拒绝别人，害怕伤害对方，同时也希望给自己增加一些利益。当然，这个利益不是指金钱，而是指机会、好感等。但是你有没有想过，这些可能带来的利益往往只是我们所希望的，不一定会得到。而为了这些不存在、虚无缥缈的想象，你需要付出自己的时间和精力。不要做有求必应的“好人”，学会拒绝别人，才是对自己负责。

下面是一则大学生的自述案例，关于如何学会拒绝。

事情起源于自习，一个娇小柔弱的女生想要问我借一份资料。女生用很乖巧的语气说："可以去我那里拿吗？"我很豪爽、很主动，说："我一会儿有事不确定什么时候在宿舍，我可以给你送过去。"这大概是我回想起来最不该说的一句话。女生说没说谢谢我已经忘记了，毕竟没多么真心，没什么深刻的感谢。

送过去之后，女生安稳地坐在床上接过资料，没有说什么过多的感谢，看了看资料，软软地又说了一句："我还想要另一本，你帮我去拿吧。"

可能别人会说不，但我真的太不会拒绝别人，心里感觉不舒服，嘴上却不知道怎么拒绝，只好跑了三次去拿。这个距离可不算近。

到了女生那里，她还是静静地坐在床上，一副理所当然的样子，除了一句简短的谢谢，再也没说什么。

即使是面对有些为难的请求，我也比较愿意帮助别人，大概就是喜欢听到别人说声谢谢，说句你人真好，这样就会很开心。

也可以说，我很在乎别人给我发的好人卡。很多人批判这样不好，包括我自己。所以这件事过后，我一直在想，像我这种不会拒绝的人，应该怎么说话呢？

不会拒绝大概就是没经大脑思索，就已经脱口说出"好"。

话既出口，想再多也没什么用。其实我们不妨先反思，哪怕有些事可能对自己来说只是有一点点麻烦，要不要在心里先数几秒，再决定怎么去答应。

我这样说，你可能觉得我有点小气。但是事实就是这样，爽快地答应不会让别人感到有多内疚，反而会减少自己内心的愧疚感，遇到一些自私的人就会认为这没什么，毕竟你的大方是他们依赖的。

这个女生就是这样，所有人都认为她是娇娇弱弱的，所以她可以理直气壮地提出不合理的要求，不给、不答应便说是你小气。

她时常说的一句话就是："你们真小气！"

后来不肯借东西给她的我也多次听到了这句话。

我曾经以为她听到指责后会道歉，哪怕是默默离去，却没想到是被骂了。听了我的故事，你一定要下定决心学会拒绝。

拒绝这件事学会得越早越好，就是简简单单一句话——不好意思。

我的一位高中好友是班级公认的大好人，走读的她经常帮住宿的同学捎东西，一周四五次，一次好几个人，她从来不会感到不高兴，也从来不会拒绝，因为她真的太善良了，就是麻烦一点也觉得无所谓。

直到有一次，她实在不方便拒绝了一个女生，就被这位女生当众指责，甚至言辞过分。这个女生就好像全然忘记了之前受到的帮助。

那一刻她感觉善良是如此廉价，做千件好事抵不过一次拒绝。

所以，帮你是情分，不帮你是本分。没有谁有义务、有责任一定要帮你，请不要利用别人的善良。

比如发生在我身上的这件事，有人告诉我，当时我可以让女生跟我一起去拿，或者第二天再说。这应该是很好的一种做法了。

对于突然提出的要求不知道怎么回答时，不要碍于面子只会说“好”，不妨思考如何委婉地拒绝别人。

不要总是觉得这没什么，不妨把自己的难处讲出来，即使要答应也可以这样说：“距离有点远，我试试看。”模糊的词语可以多说，要将自己善良的一面展现出来，让别人认识到你的帮助来之不易。

不要害怕直接拒绝，这是对待总是提出要求的人最好的方法，甚至你要增加拒绝人的频率。例如，“我有事”“我没有时间”“我不去”，这不会让你的人缘变得不好，但是这些方法不是对所有人都适用的。不去分辨而生硬地拒绝所有人可不好。

朋友的请求要不要帮忙呢？即使有一点点让你为难，但是朋友之间的互相帮助正是你们友情升温的关键点。普通同学或者同事应不应该帮忙呢？我只能告诉你看人品。即使不了解人品，一开始也可以帮一帮，只会拒绝可不会让你打开社交。生活在社会中，我们都是需要社交的。所以你也不要矫枉过正，小心地对待身边所有的人。

写下自己的故事和经验不是想抱怨这件事，只是想和更多人交流，也希望善良的人们会正确地说“不”。

4. 恋爱观不正确

恋爱期间的表现呈多样化、复杂化。目前大学生在校期间谈恋爱的现象已经比较普遍，尽管从年龄、生理和心理上看，大学生都已趋于成熟，但是大学生对于在校期间的恋爱，往往存在着盲目、盲从的现象。一些大学生从自我角度出发，多以希望中的浪漫、理想化为主；恋爱的动机和目的不明确，有的认为对方能够在学业上给自己提供帮助，从对方的利用价值出发；有的出于好奇心理，萌生恋爱的念头等。

恋爱观呈现物质化和游戏化倾向。部分大学生在选择恋爱对象时首先考虑的是对方的年龄、长相以及家庭经济条件等，在爱情与利益之间画上了等号。有的大学生想通过婚姻这条捷径过上富足的生活，获得较高的社会地位；有的大学生标榜自己注重的是恋爱过程而非结果；甚至有的大学生以谈恋爱次数多为荣。大学生的恋爱观呈现物质化和游戏化倾向。

四、大学生健康生活方式的培养

大学生健康生活方式的养成，主要受社会、学校、家庭、自身等因素影响，其本质是由社会观念、思想意识、家庭传统、生活环境等引导的生活方式。社会大环境、生活所处的小环境，以及个人认识问题的角度都对生活方式的形成有影响。要想使大学生养成健康的生活方式，应该从社会、学校、家庭，以及大学生自身四个角度出发。从社会角度出发，宣传健康的、科学的生活方式，营造积极向上、健康文明的社会大环境。从学校角度出发，要以培养大学生为中心，形成教育和管理的有机结合。从家庭角度出发，家长要积极和学校联络与沟通，及时掌握孩子在校的生活状况、学习情况，了解孩子的行为习惯，引导其养成正确的生活习惯。从大学生自身角度出发，应明确学习目标、明确个人发展目标，将成长与成才相结合，热爱社会、热爱学校、感恩父母，不断提高自身综合素质，养成良好的生活方式。这四个角度，社会和家庭是帮助大学生形成健康生活方式的基础，学校是掌控其形成过程的关键，大学生自身的意识是核心和根本。

第二节　大学生的生命观

一、生命观的概念

生命观就是人们对生命的认识和看法，它是对人与社会的共同认识。生命观的确立是由社会政治、经济、文化所决定的，它是社会性的一种观念，同时社会的政治、经济、文化的发展也受生命观的影响，所以说，生命观与社会发展是相互影响、相互作用的。我国古代孔子的儒家思想表达的积极入世的生命观，正是当时历史发展的产物，统治者愿意接受并宣扬，也正说明了生命观对社会发展的影响，反过来社会发展也影响着生命观。生命观是构成人们世界观的重要组成部分，正确的生命观对于树立正确的世界观至关重要。生命观还包括人们对生与死的看法和态度。生命不只是狭隘的“生”，还包括“死”，生与死不仅是矛盾的对立面，它们还构成了生命最本质的规定性，这也是生命性质的重要因素。要想树立全面的生命观，就要结合生命的“生”与“死”，通过这两个对立的视角来把握生命观，并在畏惧死亡之时，理解死亡的含义，消解死亡的负面能量，从而热爱生命、珍惜生命，进而使生命的境界得到提升。在西方，很早就开始了对生命观的研究，下面，笔者就西方人的生命观与中国人的生命观做比较分析，可以概括为以下两点。

其一，生命价值的核心不同。

在中国，生命价值的核心在于忘我，而生命价值就是社会价值，是弘扬忘我的一种精神境界。在面对死亡威胁的时候，只有将社会价值摆在首位，舍生取义，才是一种约定俗成的生命价值。它是一种生命的升华，是把有限的生命投入无限的社会贡献中，这是中国文化对于生命价值的核心看法。在西方，生命价值就是要做到有责任感，这是一种自然存在的价值，是人对生死负责的一种精神境界。在面对死亡时，他们所要做的就是尽责，在失去责任能力时，他们甘愿安乐死去。这是中西方对生命价值核心的不同认知。而在对我国当代大学生进行生命观教育时，应综合中国传统文化和西方文化，把忘我的精神和社会的责任感结合起来，共同发挥生命的价值，使生命的意义更加完整。

其二，讨论死亡时的心态不同。

在中国，人们追求生命价值，求实务本，对生活负责，把生命观中“生”的观念完美地阐释。而生命观包括了“生”与“死”两个方面，死亡观对于人们来说是很受排斥的。在根深蒂固的古代传统文化之下讨论死亡，无疑是对人们心理的一种挑战，人们往往忌讳谈论死亡。在学校教育中，受传统文化的影响，学生的心理承受能力较差，难以赤裸裸地直面死亡教育，所以在讨论生命意义和价值的时候，更多的是从“生”的角度来揭示。而在西方，很早就开始了死亡教育，对人们进行生命观教育的首要任务就是对人们进行死亡教育，他们认为，只有不畏惧死亡，才能更好地体会生命的意义和价值，所以他们在讨论死亡时的心态与讨论“生”时的心态是一样的。

二、当代大学生生命观教育

当代大学生作为未来发展的中坚力量，他们的生命观在教育理论方面受到了重视，这种重视的力量不仅有利于当代大学群体生命观的重塑，也有利于现代教育的深入发展，体现在对大学生生命观教育的精神层面。当代大学生的生命观教育，系统地说就是包括学校、家庭、社会以及个体在内的教育者对以当代大学生为教育对象的受教育者，在生命本身、生命意义、生命价值等方面进行的知识传授，目的是让当代大学生看到更深层次的生命，看到生命的意义和生命的价值，从而使大学生树立正确的世界观、人生观和价值观，在对待生命时能珍惜感恩，以积极健康的生命观来追寻生命的意义与价值。

因此，当代大学生生命观教育就是以当代大学生为对象，以生命观教育为目的，进行知识和技能传授，使当代大学生在处理人际关系上、在与大自然相处中、在社会的生存考验中，都能以积极的人生态度来实现社会的和谐，感悟生命的真谛，追寻生命的意义，提升生命的价值。

三、大学生自杀行为的影响因素

（一）主观影响因素

在讲述大学生自杀的原因之前，我们先来看下面这个案例：

元月25日，窗外飞起鹅毛大雪，离学校放假还有两天。

我坐在办公室电脑前正在处理假期前的事宜，隔壁的叮叮老师急匆匆跑过来说，出大事了。

看到她着急的样子，我知道肯定是棘手的事。我连忙让她坐下，说："有事慢慢说，不着急。"

叮叮老师告诉我，刚刚接到一个家长的电话，说孩子说好24号到家的，结果现在还没有回家，反倒他父亲的手机收到孩子发的一条微信：我走了，你们不要找我。随后，父亲一直拨打孩子的电话，始终处于关机状态。父亲很着急，手机打到了她这里。

叮叮老师口中的孩子，是她那个年级的学生，这是一个留过级，成绩不好，经常旷课，沉迷于游戏的学生，他的名字叫二军。

面对这样的情况，我一边安慰着叮叮老师不要着急，一边思考着解决方案。我们立即行动起来，进行了以下处理：

第一，联系二军寝室里的其他同学，了解二军近期的思想状况。

第二，快速到二军寝室查看，看他带走了哪些东西，或者留下了什么线索。立即向公安机关、学校保卫处报案，争取协助。

结果很快反馈回来：二军平时很少和寝室同学交流，没有发现其有什么异常，并且他是最后一个离开学校的。寝室里没有找到有价值的线索，但发现二军带走了冬天的衣物和行李箱。公安机关认为不符合立案条件，但答应协助查找二军是否登上火车。

二军究竟去了哪里呢？

在公安机关还没有回复结果的情况下，我们只得查阅学生公寓的监控录像，希望查找到二军离开的具体时间。

查阅监控录像是一个漫长的过程，时间一分一秒地过去了。

在保卫处同志的协助下，通过公安机关的帮助，我们获得了一个重大线索：二军的身份证信息出现在学校附近的一个网吧里。

于是，我们立即赶往网吧，在网吧里我们发现了一个熟悉的身影，二军正坐在电脑前玩游戏。

唉！我们立即把二军带回了办公室。

看着坐在眼前的他，我们并没有过多地责备，了解他内心的真实想法才是最重要的。经过交谈得知，二军根本没有打算回家过年，他在学校附近租了一间房子。他觉得自己的学习成绩差得太多，过年回家无法面对父母，产生了逃避的想法。给父亲发完短信后，他就关机了。

为什么要发“我走了”？有没有想过这条微信带来的严重后果？二军遮遮掩掩逃避着我的问题，但通过和他的谈话，我发现二军的厌学思想很严重，对未来根本没有任何打算，过着混一天是一天的日子。

一方面我们对二军进行了思想开导；另一方面我们立即和二军的父亲联系，让他父亲尽快赶到学校来接孩子回家过年。

远在江西打工的二军的父亲答应立即赶到学校。但大家知道，寒假的火车票一票难求，加上天寒地冻，很多车次被取消，二军父亲最快也要第二天下午才能赶到，那么在他父亲来之前的24小时，放心二军一个人独处吗？

看护成了一个问题。

在我和叮叮老师的慢慢开导下，二军渐渐敞开了心扉。从大二下学期，他就渐渐迷上了游戏，学习一落千丈，现在想补回来有心无力，有了想放弃自己的想法。

谈话中我们了解到二军的哥哥目前在武汉打工，是一位刚毕业不久的大学生。于是我们联系上二军的哥哥，请他先从武汉赶到宜昌。

下雪天的最大坏处就是影响交通，原本从武汉到宜昌不过两小时很方便，如今也变得十分艰难。二军哥哥在那边想办法买票，我们在这边思考着下一步的安排。

天色渐暗，二军父亲和哥哥能否买到车票赶到学校还是未知数，于是我和叮叮老师先带二军去吃晚饭。

经过一下午的开导，二军的情绪变得好了许多。吃饭的时候我们尽量找一些开心的话题和他交流。

晚饭后接近八点，终于等到二军哥哥传来的消息，他买到了火车票，估计凌晨两点多到宜昌。

想着二军哥哥能来接他，我们紧张的心情才稍许放松些。叮叮老师还是放心不下，决定把二军带回自己家里，等候二军哥哥的到来。

叮叮老师是两个孩子的母亲，最小的一个孩子还不满周岁。慈爱的她把二军带回自己家里，让他在客厅看电视。

终于，在凌晨三点，二军哥哥到达学校，叮叮老师陪同他们哥俩在学校接待中心安排好住宿，约定了早上八点一起到办公室再谈。

事情到了这里，暂时告一段落，我想着二军主要还是厌学，想逃避家里，准备等他父亲到校后，再一起商量这事。

第二天上午，我早早去了办公室，泡好茶，等候他们的到来。

然而，一个坏消息传来，二军哥哥告诉我，夜里二军趁他不注意偷偷溜了！

这样的结果是我们都不愿意看到的，二军为什么要半夜出走？再次出走的二军会去哪里？会做出什么意想不到的举措？人海茫茫，我们又怎样能找到二军？而他的电话再次处于关机状态。

好在昨天我多了一个心眼，让二军暂时把身份证和行李留了下来，我们代为保管。没有身份证的二军，应该不会跑出宜昌，也不方便住旅馆，不方便上网吧。

整个上午我们找遍了二军有可能去的地方，曾经住过的出租屋、常去的网吧，都没有见到他的身影。到了中午，我们都焦急万分，感到很无奈。

就在我们一筹莫展的时候，剧情再次发生了转变。中午一点，我接到叮叮老师的电话，二军终于开机了，并决定去火车站接他父亲。

这对于我们来说，无疑是最好的消息！

下午三点半，二军和他的父亲、哥哥终于出现在我面前。事后，通过谈话了解得知，二军确实产生了轻生的想法，也不想让家里人找到他。他纠结犹豫了好久，当打开手机看到父亲在微信上发来的消息时，他终于给父亲打了一个电话……

27日，二军父亲发微信告诉我，他们已经登上了回家过年的火车。

这是放假前发生的一个真实的故事。因涉及隐私，故略去了许多细节。

每个人在迷茫的时候都会迷失方向，甚至犯下一些错误。但这绝不是轻视生命、逃避现实的理由。

每个人活在这个世界上，绝不是只为自己而活。从小到大，我们身边的人都对我们有过关怀，尤其是父母、兄弟姐妹、亲朋好友，他们陪你开心、陪你难过。

生命本来就很脆弱，每个人都要想一想自己身边的人，父母为了你没少受苦啊。你不好好活着，身边的人会有多伤心。

上述案例的主人公很幸运，算是自杀未遂，但实际生活中，好多人远远没有这么幸运，大学生自杀行为频出，究其原因包括以下几点。

1. 人生的动力系统丧失活力

人生的动力系统就是推动人发展和前进的力量体系，它由一系列的动力组成。人生需要、人生利益、人生追求、人生目的、人生理想，构成人生的内在动力系统。它们是人生前进的基本动力。上大学以前学生对自己的期望完全由外部环境决定。中国人重视集体，崇尚中庸。因此，不管是父母、学校还是社会都在着力为学生打造标准化的价值观念和成功模板，要求学生在他们规定好的框架中行动，禁止“出圈”，所有的事情全都被学校和家长包办，学生不用操心任何学习以外的事情，这种思想观念在小学和初高中被执行得尤为彻底，然而大学的教育理念和宗旨与之前的教育差别甚大。大学之前接受的教育是一种完全的应试教育，忽视学生的个体独特性，重视的是规则，要求学生被动地服从命令，而大学教育更重视的是学生的自我表现和自我管理能力。小学、初高中阶段的学生在统一、唯一的成功标准，即分数的指导下，按模型浇筑，此时学生的人生动力系统是由外部环境赋予和决定的；而大学教育阶段则更重视学生的主动创造，强调自主能力、自我管理、自我服务、自我教育以及自我监督。个人内驱力是人生动力系统的核心，个人内驱力的大小取决于个体对实现目标的渴望程度，越是希望实现目标，则内驱力越大，动力越强。进入大学之后，家长放松了对学生的管控，学生被迫从一个服从命令者变成自我规划者，习惯于维系他人眼中良好自我形象的学生无法从外部世界得到自身奋斗的意义，无法将外部动力转化为内驱力。长久地顺从生活让学生自身无法生成良好的内驱力，无法自发、自动地找到自己的人生梦想、人生目的和人生追求，使得人生动力系统丧失活力。

除此之外，形成人生动力系统还需要在现实生活中不断地解决矛盾，只有把握了人生矛盾，才能进一步发现、激活人生动力。所谓高质量的人生，其实就是在人生动力的指导下，不断地发现矛盾、解决矛盾，让生活保持平衡、平稳状态的过程。大学阶段学生所处的环境更为复杂，此时学习不是他们的全部人生动力，他们必须得花更多的精力来处理其他与其密切相关但对他们来说尚不熟悉的矛盾，比如爱情方面的矛盾、就业矛盾、师生关系矛盾等。而在此之前学生很少甚至完全没有此类经验，进入大学后，不管是家庭还是学校都不再以学生为绝对中心，换句话说一旦学生进入大学，家长和社会都会将其默认为成年人，放松对其的看管，较少地关注学生的精神世界。

大学生敏感、脆弱，心理承受能力差，不会轻易将自己的脆弱展示给别人，一旦遇到困难与挫折往往会选择退缩逃避。大学生缺少外界的帮助，又没有能力来处理这些矛盾，就没办法进一步发现人生的基本动力和动力系统，会让生活处于一个失衡状态，觉得生活毫无意义，体验到强烈的无意义感、虚无感。人生动力的失活还会导致大学生“异化”。“异化”是指当个体面对外部世界的人或事物的时候会产生一种“无归属感”“无力感”。好像自己是被这个世界排除在外的，没办法和这个世界互动、产生联系，身不由己地随波逐流，被动地接受世界中的事物，乃至觉得自己的存在毫无意义。生命是各种目的的总和，人生动力是促使人更好地学习和生活的原因所在。大学生如果无法找到自己的人生目的，人生动力丧失活力，会导致消极的生活态度，患上空心病，甚至出现自杀的想法。

2. 缺乏正确的幸福观

幸福是一种内在感知的体验，是对生命意义的强烈感受。大学生很容易把幸福简单地理解为欲望的达到，追求幸福的过程自然就变成了形成欲望—努力追求欲望—满足欲望—出现新的欲望这样一个不断循环的过程。而欲望是无止尽的，这就很容易使大学生变成失去灵魂的傀儡，在奔赴幸福的道路上疲于奔命，只知道向前冲，无视每一个擦肩而过的幸福。在满足欲望的过程中大学生很容易“误入歧途”。

首先，大学生在错误欲望的引导下形成不正确的幸福观。费尔巴哈在谈及幸福时称道：“一切的追求，至少一切健全的追求都是对于幸福的追求。”然而，市场经济的转型期使得一些人的追求存在偏差。受西方价值观念的影响，出现拜金主义、享乐主义和个人主义，导致一些大学生对幸福的理解出现偏差。基于此价值导向，一些大学生将幸福片面地理解为金钱享乐与放纵，将金钱作为幸福的重要因素，使得原本没有统一、具体的评价标准与指标的幸福被物化为一串串数字、品牌标识和图标。纵使这种物质上的满足能使大学生在一定程度上得到满足，但是不可忽视的是幸福感虽需要物质基础，但并非将两者等同，创造物质条件过程中的愉悦感和满足感往往更能给个体带来幸福体验。有学者指出，财富只有在必要的限度之内才是促进我们幸福的因素，而一旦财富的总量超过了一定的限度，不仅无益于增进幸福感，还会扰乱我们的幸福。这一论断与著名的“幸福递减定律”——人们从获得一单位物品中所得的追加的满足和幸福感，会随着所获得的物品增多而减少不谋而合。当金钱所能带给大学生的幸福感逐渐减少时，会加强大学生生命无意义感、无归属感、孤独感的体验，对心理健康造成不利的影响。

其次，大学生感知幸福的能力缺失。一场及时雨对久旱地区的人来说是幸福的，一碗喷香的大米饭对吃不上饭的人来说是幸福的，父母常伴对留守儿童来说是幸福的。人们往往将自己得不到的东西誉为“幸福”，却忽略了近在咫尺的幸福。当代的大学生多为“00后”，多为家中独生子女，受到了家长的过度关爱，这也就导致了一部分大学生养成骄傲自负、自私、冷漠的性格特点。

这种性格会弱化大学生感知幸福的能力，体现在不知感恩、人际关系问题突出、不思进取等方面。第一，不懂感恩，身在福中不知福。当代大学生是在物质条件丰裕、文化生活丰富的环境中生活成长的，习以为常地将父母与周围人对他们的一切好意都当成理所应当，常常有选择性地视而不见，不见那些比自己悲惨的人，反而垂涎比自己条件好的人，埋怨父母不如他人，堕入嫉妒、不满的陷阱，无法自拔，从而错过身边的幸福。第二，不会处理人际关系。哈佛关于幸福的公开课中曾经把亲密的人际关系当成幸福感的信号，人际关系能影响大学生对于幸福的感知。家人的宠爱与顺从成为大学生经营融洽人际关系的阻力，家人的宠溺呵护使大学生变得自私、自我，弱化了大学生的责任感，做事情只考虑自身利益的最大化，较少甚至不顾及周围人的想法，使得人际关系弱化。马斯洛的需要层次将归属和爱的需要作为缺乏型需要，这充分说明了人际关系的重要性，糟糕的人际关系不利于对幸福的感知。第三，安于现状，不思进取。亚里士多德认为“幸福是人类存在的唯一目标和目的”，设定适当的幸福期望对感知幸福起到重要作用。但是大学生并没有形成完整的个人精神追求，并未理性地分析自身对于幸福的真正需求，因此在潜意识中对于幸福的相关问题时常感到迷茫与困惑。大学生在对幸福的定义以及对自己的实际能力都没有掌握的情况下，为了维护自尊，往往降低甚至放弃自己的期望标准。遇到困难，大学生习惯依靠其他人的支持和“机遇”来消极应对，未能认识到幸福是要靠努力拼搏而来的，而且越努力越幸福。幸福是构建一个人人生意义的重要地基，不正确的幸福观、感知幸福以及创造幸福能力的缺失都将导致这个地基的塌陷。

3. 非理性的死亡态度

从传统文化习俗来看，对死亡的忌讳体现在诸如带“四”数字的车牌、门牌、电话号码都被人所不喜，“死亡”二字常用“驾鹤西去”“升天”等词语代替等方面；从学校教育来看，高校重视大学生的思想教育，但是将思想教育简单地等同于政治教育，缺少讨论生命意义的生命教育特别是死亡教育的相关课程。正如内尔·诺丁斯所言：“死亡问题在学校里也基本上不被重视，除非有悲剧事故发生了。”

在这样一种文化氛围中，大学生很容易产生非理性的死亡态度——死亡恐惧、死亡焦虑、死亡逃避、死亡接受。下面笔者详细论述死亡接受的含义。

死亡接受分为中性的死亡接受、趋向导向的死亡接受和逃离导向的死亡接受。中性的死亡接受又被称为“自然接受”，持有这种态度的人将死亡视为不可否认的、自然的且无法避免的事件，既不害怕死亡也不欢迎死亡，认为死是一件没有必要急于求成的事情，是一个人的最终归宿，如红楼梦曾言“赤条条来去无牵挂”，这是一种最理想的终结方式。容易导致自杀成功的是趋向导向的死亡接受和逃离导向的死亡接受这两种死亡态度。

趋向导向的死亡接受相信死亡后仍有生命，死亡是通向极乐园的通道，不害怕死亡，甚至希望死亡的早日降临。这种死亡态度通常与宗教相关。持有这种态度的大学生更趋向接受死亡，其死亡恐惧和死亡焦虑水平也较低，对他人自杀的态度较为宽容。持有这种态度的人会产生两种心理与行为，一种受宗教影响，对死后的世界有一个明确的想象，且信念坚定，但受宗教的约束不会轻易选择自杀。另一种会对死后的生命好奇、期待，将死亡看成一种新生命的开始而非结束，这种接受甚至欢迎的态度让人在遭遇挫折与不顺的时候更容易发生自杀的行为。

逃离导向的死亡接受是一种常见的自杀态度，这种态度倾向于将死亡解释为解脱，意味着能逃离使人痛苦的现实世界。不管是西方宗教强调的“原罪说”还是佛教的“生而为人，众生皆苦”，都暗示了生命的艰难。更多情况下，大多数人会感觉到自己是被“抛”到这个世界上的，被动地接受那些强加于自己身上的“符号”——国家、民族、性别、家庭等。生命的历程从来都不是一帆风顺的，难免会遇到挫折、不幸与痛苦。这种对生的恐惧和对生活的恐惧一旦超过对死亡的恐惧，自杀便成为摆脱苦难最便捷的方法。特别是原本就患有精神分裂症和抑郁症等心理疾病，拥有孤僻、内向、自尊心强、承受挫折能力差、自卑等不良人格特质的人更容易产生自杀的念头与行为。另外，对自己外貌等生理特征不满或者有实质性的生理残疾、缺陷的人以及患有重大疾病久治不愈造成巨大心理压力的人，也容易产生自杀的念头与行为。

4. 消极的自我防御机制

“自我防御机制”一词最早由弗洛伊德提出。根据弗洛伊德的观点，防御机制指的是“自我在解决可能导致精神疾病的冲突中所采用的全部策略”。自我防御机制是指当自我面对潜在的威胁和伤害，为避免内心失衡体验负面情绪而启动的自我保护机制，缓解负面情绪，企图将其扼杀于萌芽之中。大学生的自我防御机制可以分为三种，即成熟型、中间型和不成熟型自我防御机制。既能减轻内心痛苦又能适应外界环境的防御机制是成熟型的，偏向一方而不顾及另一方都不是成熟型防御机制。不成熟的自我防御机制在某些情况下不仅不能减轻焦虑等负面情绪，反而会加强大学生的心理危机。大学生不成熟的自我防御机制主要有以下表现。

其一，压抑。压抑是一种很常见的自我防御机制，是指遇到不能解决的矛盾冲突时，把不符合个体内心的观念与想法排除于意识之外，或者深藏心中，不以语言和行动表现出来。虽然在短时间内通过压抑会使大学生的内心得到平静，维持正常的生活与交往。但是被压抑的东西并没有消失，它会潜移默化地影响大学生的日常生活，像潜藏于海底的巨大冰川，当相同或相关的情景再次出现时伺机活跃，对个体造成更大的伤害。而且过度的压抑反而对大学生的正常欲望造成负面影响，导致病态的心理反应与极端行为。有研究表明，“压抑和屈服”两项消极自我防御机制是造成心理危机的危险因子。

其二，幻想。幻想是指当个体在现实生活中遭遇困难的时候，会通过想象虚构情景来暂时脱离现实，在虚幻的情境中寻求满足，与“白日梦”类似。虽然幻想在一定程度上缓解了焦虑，但是带有浓厚的自我逃避色彩。如果大学生过度地沉迷于幻想，在幻想中获得虚幻的自我价值感，会模糊自我形象和自我概念，不清楚自身的能力，盲目设定过高的期望，结果却适得其反。现实与虚幻的巨大反差会使大学生产生落差，严重的还会一蹶不振，导致心理疾患，甚至为逃避现实，做出自杀行为。

其三，投射，也称责任推诿。就是将个体不能接受的欲望、冲动、行为推向他人，或是把自己的失误和失败转嫁到他人或周围的事物上。比如，觉得自己的失败是“冥冥中自有定数”，考试成绩不理想是因为其他人作弊了，等等。将自身的失误归结于他人在一定程度上减轻了内疚感，但是这种错误的归因方式会使大学生不能正确地总结经验教训，下次再遇到相同的情景仍然会做出错误的或者不适当的行为。另外，这种不找内因，一味推卸责任的做法也不利于发展正常的人际关系，比如自私的人认为其他人吝啬，这为大学生的自杀行为埋下祸根。

其四，合理化，又称文饰作用。当个体遭遇困难与挫折的时候，为避免自尊心受损，采用歪曲事实、编造对自己有利的理由来为自己辩解，为自己不合理的言行披上合理的外衣。“酸葡萄心理”和“甜柠檬心理”是常见的两种文饰机制，“酸葡萄心理”是通过贬低他人的方式来安慰自己，“甜柠檬心理”是通过自我催眠，凡是自己的都是最好的以期达到内心的平衡。文饰机制能暂时缓解大学生内心的痛苦，但是从长远的角度看，是不利于心理健康的，因为文饰机制起着的是自我蒙蔽、自我欺骗的作用，不利于大学生积极进取。

（二）客观影响因素

1. 学业压力大

从高中到大学，大学生的学习监管方式由他人监督过渡到自主督促，俗话说“由俭入奢易，由奢入俭难”，一旦无人监管便变得自由散漫，放松了对学业的要求。但是学习过程比较宽松并不意味着不重视考试结果，考试结束后仍然会有排名。有些学校会对每门课程安排10%左右的挂科率，挂科不仅意味着交挂科费，还意味着花额外的时间和精力重修本门课程，挂科过多会导致延期毕业甚至无法毕业。而且当代大学生多为独生子女，父母所有的期待全部都投注于一人，望子成龙的意味更加浓厚，也加重了大学生学习的压力。特别是对一些科研压力大，需要实验、调研的理工科学生来说，需要时刻关注自己的实验，一旦实验出现意外会全盘打乱其计划，绝望之下产生崩溃的情绪。

2. 人际关系紧张

进入大学人际圈子变大。一方面，大学生不得不参加各种社团活动、集体活动来提升自我价值感，同时获得加分，为奖学金评选“增光添彩”。而大学就相当于一个微缩版的社会，其中不乏拉高踩低、钩心斗角的黑暗面，这就要求大学生掌握一定的人际交往能力和沟通、应变能力。如果处理不好人际关系，会对大学生的心理健康产生不利影响。另一方面，和大学生打交道的不仅仅是来自相同地方的人，城乡差异、贫富差异都将有可能妨碍正常的人际关系的建立，有些内心脆弱的大学生会有自杀的潜在危险。在有关上海大学生自杀的原因分析中，由人际关系而引起的自杀者高达27.8%。

3. 恋爱遭遇挫折

人是有情感的高级动物，大学生处于成年早期，按照埃里克森的八阶段理论，此时大学生需要处理的是亲密与孤独的冲突，只有在恋爱中建立亲密无间的关系，获得亲密感，才能驱散孤独感。然而爱情对于大多数大学生来说是初次接触，又缺乏指导，不能理性看待恋爱中遇到的各种问题，常常会因为恋爱不顺而采取过于极端的行为。南京危机干预中心的调查显示，恋爱压力占大学生自杀原因的44.2%。大学生常见的恋爱挫折主要有单相思和失恋，失恋会引起一系列心理反应，如难堪、羞辱、失落、悲伤、孤独、虚无、绝望和报复等，这些不良情绪，如果得不到及时的排除和转移，容易导致失恋者忧郁、自卑，严重者甚至采取报复乃至自杀等方式来排解心中的郁结。

4. 就业压力大

根据麦可思研究院发布的《2019年中国大学生就业报告》（就业蓝皮书），本科就业率持续缓慢下降，2018届大学毕业生的就业率为91.5%。持续下降的就业率，使原本失业率就高的就业市场雪上加霜，随着毕业季的来临，大学生的就业压力也与日俱增。此外，现在的就业市场对高校大学生的就业缺乏统一的有效保护，也使一些大学生在求职过程中受到招聘单位的不公正的待遇。例如，有些单位招聘以保证不生孩子、保证能出差作为选人的重要条件。在某种程度上，适当的压力有助于潜能的发挥，但是当这种压力超出了高校学生的接受范围，他们就会出现悲观厌世的情绪，造成自杀意念的产生，从而走上一条不归路。

5. 家庭因素

不管是从与大学生的亲密程度，还是对大学生的影响深度来看，家庭因素都应该是考虑大学生自杀的首要因素之一。首先，家庭变故会成为大学生自杀的导火线，比如父亲（母亲）去世、父母离异等都会对子女的心灵造成恶劣影响。根据霍尔姆斯的社会再适应量表（SRRS），家族亲密成员死亡的压力指数高达 63，按压力值排序位于第五位。父母是大学生最亲的人，亲人去世等于失去了最重要的社会支持。同时大学生缺乏处理重大事件的能力，不能有效地应对各种突如其来的、给生理和心理带来重大影响的事件，会因此产生急性应激反应，导致大学生精神脆弱、情绪反常，在极度悲伤、内疚的非理性情绪状态支配下甚至会采取自杀的行为来摆脱痛苦。由于当前的社会环境对离异家庭还不是很包容，父母离异的子女往往易养成自卑、孤僻、压抑等消极性格，诱发诸如退缩型人格的不良人格障碍。其次，家庭经济条件。20 世纪 90 年代中后期我国高校扩招，高校收费制度的实行以及不断扩大的贫富差距使高校家庭经济贫困的学生也随之增多。在一般的高校里面，贫困生人数占学生总人数的 25%—30%，其中家庭经济特别困难的学生占学生总人数的 5%—10%。家庭经济条件差会使部分大学生产生消极情绪，孤独无助，最终走不出贫困与自卑的阴影。再次，家庭教育方式不当。研究显示，中国有 70% 的家长的教育方式不合格，其中 30% 是过分保护，30% 是过分监督，10% 是严厉惩罚。父母无原则的溺爱保护会造成大学生心理承受能力差，缺乏社会责任感和正确的人生价值观，遇到挫折容易采取极端行为。无理由的打骂和过高的期望都会增加大学生的心理压力，一旦未达到父母的期望，由于害怕被责备有些大学生可能会因此而选择自杀。最后，家庭氛围。家庭暴力、父母不和、经常表露出悲观轻生的念头，都会给大学生造成严重的心理创伤，在潜移默化中出现消极情绪和过激行为，影响大学生对自杀的认知。

6. 学校因素

学校是大学生学习生活的主场景，无疑对大学生的心理状况和行为产生影响。高校应试教育的功利性是影响大学生生命观的重要因素。长期以来我国的高校教育存在严重的结构性偏向，偏重于“成才”教育，唯分数至上的教育理念注重培养一身知识的工具人，因此高校各学院普遍比较重视科研建设和学科建设，忽视了对大学生的“成人”教育，大学生心理健康宣传和教育长期处于缺失或者不到位的状态。很多高校没有建立起一整套完善的大学生心理健康工作机制，主要体现在三个方面。第一，高校大学生心理健康教育课程缺失或滞后。心理健康教育课程教法过于单一，仍停留于理论讲授，较少使用活动体验的授课形式，内容空泛脱离实际需要，没有根据不同时期不同类型的大学生进行针对性教学。第二，心理健康教育与咨询中心建设不完善，不能及时发现大学生的心理问题，一些原本可以被消灭的心理异常状态未得到及时的心理辅导，导致进一步恶化。第三，大学生心理干预预案机制不健全、大学生心理健康教育的人员队伍建设滞后。根据资料记载，香港地区每1000名大学生中就有一个专职心理辅导员，而在内地，每5000名大学生都没有一个心理辅导教师，并且很多辅导教师是兼职的。由于缺乏完善的执行方案和强有力的执行人员，高校对大学生自杀干预也显得心有余而力不足。

7. 社会因素

当前我国正处于社会转型时期，人们思想上的发展无法跟上经济的快速发展，各种思想鱼龙混杂。同时社会竞争加剧，浮躁的社会氛围让人际关系变得微妙，个体普遍关注自我。金钱至上的价值观和对生命的漠视，很容易使大学生产生消极的不良情绪。现代科技日新月异，生活在知识大爆炸的时代，社会结构也在迅速转变，无法从传统的思想和行为规范中转变过来的人可能会产生心理冲突和行为异常。当代大学生虽然学习能力强，但其价值观尚未成熟，社会经验不足，缺乏灵活应对社会巨变的准备，当旧的社会行为规范失效时往往会手足无措，感到迷茫与无助。

第三节 大学生的心理问题

一、大学生心理问题的特点

大学生的心理问题具有显著特点，主要体现在自适应性、困扰性、累积性、阶段性几个方面，下面进行详细的阐述。

第一，自适应性。大学生的心理困扰多具有自适应性，即通过自我调适能够进行解决。大学生产生一些心理困扰，感觉到压力、焦虑是正常的心理反应，大多数都可以通过学习、调节、控制、适应而得到自我解决，是不需要进行心理干预的，只有部分长期处于压抑状态的大学生才可能产生心理障碍，需要进行心理干预或治疗。因此，自适应性是大学生心理问题存在的显著特点，是大学生心理问题的根本特点。

第二，困扰性。困扰性主要指各种原因诱发的短暂焦虑，如考试焦虑，面对挫折悲观、消极，对未来充满恐惧等，这些困扰都是短暂的，大学生经过自我调适、自我控制可以自我解决，并未诱发器质性病变。总之，困扰性是大学生心理问题的显著特点之一。

第三，累积性。大学生心理问题具有累积性特点，即一个问题还没解决又会出现另一问题，新旧问题交织在一起，因而呈现累积性，造成了大学生的心理困扰。例如，大学生刚离开家，独立性较差，生活自理能力差，来学校后很难适应角色的转变，在此情况下，会影响大学生的学习，以及人际交往，造成心理困扰的累加，产生心理问题。

第四，阶段性。大学生心理问题的显著特点就是具有阶段性。大学生所处的阶段不同，面对的心理困扰是不同的。大一新生的心理困扰主要体现为对学校生活的不适应以及生活角色转变的不适应，人际关系紧张等，大二大三学生的心理困扰主要指考试焦虑、学习问题等，大四学生的心理困扰主要包括就业焦虑、以后生活的焦虑等问题。由于大学生各阶段面临的问题不同，因而，大学生心理问题的特点具有阶段性。

二、大学生心理问题的表现

（一）不会处理人际关系

在与人进行沟通时，其实可以收获到很多的技巧。这些对于将来步入社会的大学生有很好的指导作用。校园内的人际交往模式有局限性，主要是因为校园环境简单，大多数学生的校园生活主要围绕教室、食堂、图书馆，导致人际交往模式比较单一，与社会人士交往的机会比较少。

步入大学后，来自全国各地的大学生会被随机分到特定的宿舍里，在这样公共的区域里由于南北生活习惯的不同，大学生很容易产生矛盾，从而影响同学之间的关系。另外，由于家庭贫困，一些大学生无法支付膳食和旅行费用。他们离宿舍里的其他学生很远。

在大学里同学关系是很亲近的，但由于每个人的价值观、性格及生活方式不同，所以在一定程度上会造成交流障碍，有些学生性格比较活泼开朗，很容易融入班集体，有些人比较孤僻，与周围环境格格不入，严重者与同学之间发生各种矛盾与冲突，甚至出现极端事件，严重影响学校秩序与学生安全。

同时，大学校园是恋爱自由的地方，大学生虽然已经成年，但在对待情感问题时很容易冲动，男女朋友之间在一起很容易发生小摩擦，对于比较沉稳冷静的大学生来说，会找到合适的方式解决矛盾，对于一些心态不成熟的大学生来说，由于一些小事故，无法进行适当沟通时，往往会出现报复心理。有些大学生甚至缺乏自我控制能力，他们傲慢自大。在大学生群体中，由情绪困难引起的各种心理问题并不少见。这些值得我们保持警惕和深思。

其实在大学里，最大的矛盾不是日益增长的物质需求与生活费之间的矛盾，而是寝室内的矛盾。良好和谐的寝室生活能为每一位在校大学生带来愉悦的心情，进而为大学生提供良好的学习环境。

那么，如何才能保持良好的寝室关系呢？下面的案例会给大学生一些启示。

小西所在的寝室整体而言算是和谐的，从未有过当面的争执。

但背地却是暗潮汹涌，或有爆发的一天，或随着毕业逼近偃旗息鼓，其原因则是小楠每天制造的噪音。

每当提到小楠，小西都集中在吐槽她制造的各种“砰砰砰”“咣当咣当”“哐当哐当”“哒哒哒”的声响。

起初室友们体谅她是不拘小节的姑娘，做事大手大脚，所以常以玩笑话或多或少地给予提醒，直到后来发现，你把人家的话放心尖上，人家从来不以为然。

无数次前脚提醒进出门轻点声音开关门，后脚依旧“砰砰砰”。有多少次从睡梦中突然被惊醒，就有多少次强忍着不生气、期盼毕业。

很多矛盾的产生并不在于彼此有多大的血海深仇，而是生活中一件件的芝麻小事。

人与人的相知要靠缘分，但人与人的交往不求缘分，不求交心，只求不闹心。好的输出，才能换来好的回馈。

很多人以为，大学里碰到的第一个挑战是学业的压力。非也，实际上是群体生活。也许有些人曾经是住校生，早早经历过群体生活，但更多的人没有经历过，群体生活便是他们大学生活中的一个小山坡，处理得当，则可以在上面滑滑梯；处理不当，就会长成一座布满荆棘的高山。

寝室生活是群体生活的缩影，其质量也是衡量大学生幸福感的重要标准。好的寝室生活像住在一个温馨的小家，坏的寝室生活则是四个人五个群，表面和谐，暗地争执，再坏点则是见面即撕。

请记住，当走出了家门，你就不再是爸妈的小公主、小王子。良好的寝室环境需要彼此的相互尊重与配合。

在寝室里，首先要做好一件事——声音轻一点，没人讨厌你。我曾经在网上看到一则很暖心的寝室日常。

小北某日在寝室午睡，那天迟迟睡不着，便躺在床上闭目养神。

小东向来是寝室里最早出门的人，大家从来意识不到他具体什么时候离开，也从来没被他的早起吵醒过。

那天小北发现，小东在闹铃声刚响起的前几秒就迅速按掉，起床后也一直轻手轻脚、小心翼翼，毫不夸张地说“像贼一样”。离开时因为担心关门声吵到室友，小东便先将钥匙插在门孔里，轻轻转一圈，关上门后，再将钥匙转回去，锁上门，轻轻拔出钥匙。小北突然发现了小东一直以来隐藏的温柔，感觉心热热的，在以后的日子里也像小东一样。细节见人品，能够温暖人心。

在不知情间，我们不知道接受了别人多少默默的照顾，所以我们也要用给予来回馈。

很多时候我们会苦于不知如何向别人表达关爱或伸出援手，殊不知，有时不打扰，才是对别人最好的馈赠。

懂得尊重他人，学会承担责任，是撕下那些不好标签的有力武器，更是获得他人尊重的基础。从不把他人放在心上，一心只有自己，那于他人而言，你也不存在什么意义。

社会不会处处迁就你，不长点心，终究有一天会被拖入社会的黑洞。

（二）职业规划不明确

作为一名学生，其主要职责是学习专业知识，提高自身素质，不断完善自己。处于竞争激烈、就业压力大的环境中，很多学生对自己未来的职业规划不明确，在找工作时会遇到各种困难，难免会有各种心理压力。学校应该重视缓解学生的压力，积极解决学生遇到的心理问题。

（1）学业方面：对于那些即将毕业的学生来说，面对毕业论文、毕业考试，心理压力增大，为了能顺利毕业，很多人克服困难，坚持学习，在学术等方面不断挑战自己，最终取得良好成绩，在这一奋斗过程中，使自己的意志力得到增强，抗压能力得到提升，但是有些抗压能力弱的同学无法坚持下来，不得不面临延期毕业或退学的处境，影响自身发展。

（2）职业规划：面临毕业，很多学生没有明确的目标，缺乏对未来职业的规划，同时对工作技能了解甚少。所以，大学生在毕业之前应该及时调整心态，端正态度，不断学习求职技巧，提升自身的专业能力，并进行适当的职业咨询和心理疏导。

“职业规划”看起来是一个离我们很遥远的词语，但是其实任何一个成功的人都离不开规划，职业规划更是我们的目标与方向。因此，职业规划是任何一个成功者的必备要素。

下面的案例将告诉我们，职业规划到底有多重要。

有一个年轻人对自己的人生感到很迷茫，于是他向智者请教成功的秘诀是什么。

智者并没有马上回答他的问题，而是首先问道：“年轻人，请你告诉我，你想得到什么？”

“我想得到健康、快乐，当然，还有财富。”年轻人回答道。

智者说：“是的，这也是很少人拥有健康、快乐、财富的原因。”

年轻人问道：“您是说太多人追求不容易得到吗？”

“不，你只是希望得到，却没有一个规划，所以不知道该怎么去实现它们。”

智者的一席话让年轻人茅塞顿开，过去的20多年，他的确活得太茫然了。回到家，他便开始认真思考一个问题：我该怎样去实现我想要的健康、快乐和财富呢？

很多人都有着共同的特点：清楚自己想要什么，却没有一个实现它的具体规划。盲目努力是不行的，任何梦想都需要一步步去实现，我们需要把实现宏大梦想所需要的具体事项列出来，再把长期的工作拆散开来，分成几个小事项各个击破。只有我们认真做好计划中的每一步，才能一点点地接近自己的人生目标。

有一次，我和一个大二的同学聊天，我问他：“你对自己是怎么规划的？毕业后有什么打算？”

他很坚定地告诉我：“毕业后要考研。”

我接着问他：“你现在围绕考研做了哪些准备？”

他说：“还早呀，现在先好好学习，到了大三再认真准备复习，应该问题不大。”我说：“你错了，你到了大三已经晚了，有些东西你从现在就必须开始准备。”他一脸茫然，问：“有必要这么早吗？”

我说：“是的，有必要。你想想，考研不像高考，不是分数过线了就会录取你。因为考研要经历国家统考和复试，多了一道筛选的程序。”

“通常在复试过程中，录取院校要考查你的科研能力、综合能力等各个方面。而能够反映你综合水平的就是四大方面：学习成绩、科研成果、学科竞赛、社会实践。这四个方面贯穿整个大学学习过程，比如科研成果的代表形式就是论文，如果到了大三才开始学习写作可能到了毕业时还不一定能发表见刊；比如学科竞赛，到了大三大四才开始参加，可能已经错过了好多参赛机会；比如社会实践方面，没有参加过实践活动，没有学生干部经历，就不具备竞争力。而这些，都必须从现在就开始准备。如果你没有准备，除了成绩，其他一片空白，而别人具备这些竞争力，在分数差不多的情况下，试问，学校会录取谁？”

他听了后恍然大悟，说原来如此。

有时候，我们看上去很努力，跟别人一比，却发现自己不够优秀，正是因为我们只是制定了目标，却没有与之匹配的合理的职业规划。只有我们把每一步都制定好，在每个阶段做应该做的事，才不会输给别人，这就是职业规划的重要性。有人说，做好优秀的自己就够了，不需要职业规划。

这也是错的。优秀的人才更需要做好职业规划。

为什么这么说？因为优秀的人面临着比普通人更多的机会，更需要在众多机会中选择一种最适合自己且自己最爱的生活方式。这个时候职业规划的重要性就体现出来了。一个有职业规划的人会很容易在众多机会中选择一种最适合自己的，因为他早就认定了自己适合做什么，而且已经为自己认为喜欢并且会做好的工作做了种种准备。当机会来临时，他只需将众多机会与自己的规划相比较，看哪一个机会最适合自己的规划。

而没做过人生规划的人却是不断地问自己适合哪个机会，甚至由于他从来没有设计过自己的人生方向或职业方向，而丝毫没有准备，或者是太乱而不专业。

因此，当众多机会来临时他不知道自己适合什么，不知道自己想要什么而变成选择性痛苦，从而错失良机，一辈子在矛盾的选择中徘徊而过，一事无成。

还有人说，我有志向、有思想就够了，不需要职业规划。

这样也不对，不能规划自己人生的人注定成为别人成功路上一块平凡的垫脚石。有句话说得好，不能主宰自己命运的人注定被别人主宰。一个人没有自己的人生规划，就没有自己生活的准则和方向，注定要被别人牵着鼻子走。

这样的人若没有思想也就罢了，倘若又有一点小思想，那么他的人生将痛苦不堪。因为慵人等着别人来安排生活就心安理得了，而有点志向、有点思想的人希望过自己想过的生活，但由于没有有效的人生规划或职业规划，注定被别人牵着走的那种痛苦是可想而知的。

还有人说，职业规划很遥远，做职业规划很难，不知道怎么去做。下面给大家举个例子。

我有一个朋友，他酷爱音乐。他梦想有一天能出一张自己的音乐专辑。但他对唱片市场不了解，对自己的音乐梦想望而生畏。

有一次我们聊天，谈到了他的梦想，他说我的努力似乎看不到任何希望。

我问他："你希望自己五年后在做什么？"他思考了几分钟后说："我希望五年后能有一张属于自己的唱片出现在市场上，而这张唱片很受欢迎，可以得到大家的肯定。"我听完后说："好，既然有了目标，我们不妨把目标倒过来看一下。如果第五年你有一张唱片在市场上，那么你在第四年一定要跟唱片公司签上合约，你在第三年一定要有一个完整的作品，你在第二年一定要有很棒的作品开始录音了。那么，你的第一年，就一定要把你所有准备要录音的作品修饰好，然后让你自己可以一一筛选。那么你的第一个礼拜，就是要先列出一个清单，排出哪些曲子需要修改，哪些需要完工。"我一口气说完这些，停顿了一下，然后又接着说："你看，一个完整的计划已经有了，现在你所要做的，就是按这个计划去认真准备，一项项地去完成，这样到了第五年，你的目标就能实现了。"

其实职业规划就是这么简单。有的人认为达到目标的难度很大，是因为他缺乏规划，总觉得成功离自己太远。不妨把目标倒过来看，一步步地去完成，就能逐步实现目标。

长远的叫规划，近期的叫计划。

规划具有目的性，计划具有可操作性，一个详细可行的计划加上坚持不懈的努力，是实现一个伟大构想的最佳途径。

一般人容易受到短期、具体的东西的影响，而不容易受到远期、模糊的东西的影响。

一个梦想再伟大，如果没有实现的计划，它只会离我们越来越远。将大目标分解为多个易于达到的小目标，每达到一个小目标，都会让人有成就感，而这种感觉会强化人们的自信心，促使人们坚持不懈地去达成下一个目标。

如果你还没有职业规划而盲目地生活，如果你不知道自己该怎样实现那个美丽的梦想，那么你现在所做的一切就都失去了意义。

想实现梦想，就要一步步制定好自己的职业规划，从一些细小而明确的目标开始。当这些目标一个接着一个实现的时候，你就会逐步地接近成功。

（三）盲目恋爱

大学生处于青春期的中后期阶段，性心理趋于成熟。因此，对于此阶段的大学生来说，应当给予关注，不管是大学生之间的爱情故事还是大学生的性心理问题。如今，婚前恋爱并同居的大学生日益增多，然而，由于大学生对爱并没有一个透彻的理解，在性问题上还存在着新奇。

之所以有那么多的大学生开始恋爱，其中大部分的原因在于他们没有一个全面的计划，生活乏味，需要有人陪伴。

在咨询中心，常常有因失恋前来询问的大学生。这些前来咨询的大学生难以走出失恋的痛苦，觉得整个世界都崩塌了，心理素质比较差。

当一段感情走向终结，你会苦苦挽留、念念不忘，抑或一刀两断？人生漫长，与其耗费心神缝补支离破碎的感情，不如自我勉励成就富足充盈的内心。请你始终心怀热忱，相信真正爱你的人正在赶来的路上，不顾风雨兼程，哪怕乘风破浪。下面案例告诉我们应该怎样对待失恋。

昨夜，室友桃子约我出门吃烧烤。

匆忙赶到的时候，桃子正伏在酒桌上，地上躺了五六个空酒瓶。桃子见我来了，吃力地从桌上撑起了头，用通红的双眼望了望我，然后开了瓶啤酒递给我，接过啤酒的瞬间我才意识到桃子可能失恋了。

虽已入春，夜里寒意仍盛，几瓶啤酒下肚，我俩冻得直打哆嗦。桃子一言不发，摇摇晃晃举着酒瓶接连朝肚里灌，像一只落水的猫瑟缩而狼狈。

我轻抚着桃子颤抖的肩，心疼地劝慰："他到底有什么好？你这又是何苦呢？"

话刚出口，便懊恼起来。喜欢一个人不就是这样吗？会因他不经意的一句话击中心口，会因他的离开辗转难眠，情感总能战胜理智，毫无道理可言。

我的抚慰似乎把桃子引入了更深的绝望，她的眼泪像决了堤的洪水从脸上簌簌而下，呜咽道："我该怎么办呢？怎么办呢？"

我一时答不上来，一段感情走向终结，该怎么办呢？

把悲伤的洪水向他倾泻，但是，他不在意，最大的倾泻也只是对牛弹琴，换得一个漠然的表情。让他这具不在意的肉体承载这样的盛情，连我们也会觉得无聊。

读过《百年孤独》的人大多对马尔克斯笔下的丽贝卡印象很深，这是个为爱情吃泥的女人。当她爱上阿尔卡蒂奥，她贪婪地吃起泥土和墙上的石灰，拼命地吸吮手指头，以至大拇指上吮出一个老茧。

这世上有太多为爱情吃泥的人，带着满腔热血去追寻另一个人，做了年少轻狂时能够为他做的所有一切，姿态笨拙，奋不顾身，不求回报。哪怕这段无疾而终的感情，耗尽了他们全部心力。

有一天，缘尽了，不要去计较谁欠了谁。爱情不是交易，又何必说"如果不是你，我会比现在幸福，会比现在过得好"这些苦涩而没意义的话。

当你能接受这段感情的结局，并做好昂首向前的准备时，这段感情才算有了价值和意义。

时间或许不能包治百病，却能教会你该以什么样的态度来对抗生命中的无可奈何。你说你爱他，非他不可。天地辽阔，且不说自我实现带来的满足，邻家的猫狗、清晨的和风——这些美好难道都不值得你爱吗？含泪饮毒酒，也要看对方值不值得。

与其把心思花在缝补一段支离破碎的感情上，不如充实自己的内心。

从今以后，试着一直向前走，哪怕你并不知道要到哪里去，并不知道前边是什么。有人说是鲜花，有人说是坟墓。可你依然要向前去看个明白，带着梦，带着勇敢，走向不知名的前方。

三、有效开展大学生心理健康教育的途径

通过以上的分析了解到，当前大学生存在诸多心理问题，以下主要提出几点有效开展大学生心理健康教育的途径，具体分析如下。

（一）分阶段实施心理健康教育

由于大学生心理问题具有阶段性特点，因而，分阶段开展大学生心理健康教育是开展心理健康教育的有效途径。分阶段实施心理健康教育尤为重要，需要做到以下几点。第一，根据大学生的特点、心理发展水平、心理成熟程度、面临的困扰等因素将大学生分为不同阶段。一般可以分为三个阶段：阶段一，大一新生阶段，此阶段大学生存在的主要问题就是对新环境的不适应以及人际交往困扰；阶段二，大二、大三阶段，此阶段大学生存在考试、学业等方面的焦虑以及选择焦虑，大二、大三学生已经习惯、适应大学生活，将重点转移到学业方面，此时，专业课的学习、工作还是考研的选择成为困扰大学生的主要问题；阶段三，大四阶段，大四阶段是心理问题高发阶段，大学生即将走出学校，走向社会，面临较大压力，未来发展的方向、就业问题、生活压力、经济压力等问题都会对大学生产生困扰，影响大学生的心理健康。在此基础上，分阶段实施心理健康教育，针对不同阶段大学生的不同心理问题进行有针对性的指导，能够提高心理健康教育的有效性。第二，具体问题具体分析，针对不同阶段的心理问题制定不同的心理辅导方案，以便提高心理健康教育的质量。

（二）对大学新生进行重点教育

当前，产生心理问题的大学生群体主要为大学新生，因而，需要将大学新生作为重点教育对象，展开具有针对性的教育，提高心理健康教育的效果。对大学新生进行重点教育需要做到以下几点。第一，在大学新生入学时，要求班

级辅导员辅助心理教师进行心理测试，对学生的性格倾向性、环境适应性、压力承受性以及人际交往能力进行一定的了解，对一些性格内向，交际能力不佳的大学生进行重点观察与保护，为大学生营造良好的生活学习环境，帮助大学生进行角色转变，适应环境，降低大学生心理问题发生的概率，促进其心理健康发展。第二，在大一新生阶段安排一些心理活动，帮助大学生互相了解，增进大学生之间的感情，在活动中彼此接触，彼此了解。

（三）引导大学生克服“毕业综合焦虑症”

对于大四的多数准毕业生来说，毕业在即，焦虑不再是一种状态，而是一种常态——无论是学分不够影响毕业、就业选择的摇摆不定，抑或是升学考研的无形压力……无不令人焦头烂额。一进入毕业季，各种情绪波动、烦躁、紧张、困惑、失眠、彷徨随之而来。这段时间的大学生最容易患“毕业综合焦虑症”。

1.“毕业综合焦虑症”主要症状

（1）学习焦虑症。

对于毕业班的大学生来说，挂科、重修怎么办？能否顺利拿到毕业证更是头等大事。所以，不管是必修课、选修课还是素质课，务必一门课程都不能落，别让疏忽影响了你人生前进的脚步。

（2）就业焦虑症。

找到一份待遇高并适合自身发展的工作是每个应届毕业生的梦想，签订的工作的巨大差距往往让毕业生产生无形的压力。

当然，还有一些大学生有选择困难症。

纠结在多家公司的选择中，考虑公司待遇、福利、地域、公司培训体系等。就业指导课不都学习过职业规划吗？笔者建议首选自己喜欢并擅长的岗位。

还有一些大学生，海投简历无音信，面试多家无消息——那就应该调整求职方向，认识并查找自身的原因了。

（3）升学焦虑症。

无论是考研前对报考学校的选择，还是考研后成绩不理想决定是否继续再考，还是找份工作就业，都会让毕业生感到难以抉择。人总是在抉择中成熟起来的。

（4）感情焦虑症。

“毕业季”也是一个分离的季节，受种种原因影响，你可能要与相处多年的恋人分开了。当然有可能是暂时性的地域分开，也有可能是真的要分开了。但不管怎样，最终能否有一个满意的结果，都会让你感到无所适从又难以割舍。

除此之外，还有入党问题、家庭问题等各种问题，都会在无形之中给毕业生带来巨大的压力，这些问题无法躲避，必须去面对，必须去解决，所以不免情绪紧张，产生担忧、焦虑等问题。

2. 克服“毕业综合焦虑症”的建议

（1）学习。

提前检查个人学分情况，关注重修、重考的时间地点，准点参加考试。自己差多少学分，缺漏哪个学院的课，需要经常到该学院网站去查看考试专栏的通知。

此外，多找辅导员，有困难提前想办法解决，不要等到成绩公布在教务网上后再去向辅导员诉苦自己还差多少学分，焦急询问能否顺利毕业——这都是自己挖的坑。

（2）就业。

正确的职业规划、良好的求职动机、成熟的求职技巧是应对就业焦虑症的法宝，追求“待遇好、稳定、离家近、有发展空间”的工作无可厚非，但就用工需求来说，民营企业的用工需求量通常占到人力资源市场总需求的八成以上，政府机构和事业单位的人才需求不高且竞争大，现实与梦想总是会存在较大差距的。

因此，不如先找一份更适合自己发展、能累积到较多实践经验的基层工作。有了这些宝贵的经验，再去寻找更理想的工作，或是在原有单位往更高的岗位发展自然也就不难了。

（3）升学。

至于考研的大学生，选择考研必须要经过三思，既然做出了选择就保持坚定吧。考研一事，在大三下学期基本上就可以考虑了，认真地想想适合自己走的那一条路，无须被世俗和他人意见绑架。在选定自己要走的路后，就坚持自己的想法，即使再难，也要走完。

不管结局如何，经历即美好。只要我们经历过，就能从中获得感悟与经验，生活已经给予我们很多，不必强求结果。更何况，考研和找工作没有高下之分，没有谁说考研一定比找工作高尚，或者找工作比深造好。两者有各自的优劣势，也与自己的性格和将来想从事的工作有关。所以，考研结束后，无论成败与否，尽快调整好心态，制定自己的下一个目标吧。

（4）分手。

毕业季本来又被称为分手季，所以毕业分手不应太过悲伤，毕竟这种现象也属无奈。你得先问自己，你确定能给他/她幸福吗？如果不能，何必执着？

你们彼此可能只是单纯喜欢着对方，并不了解对方的家庭、人生。你们毕业后可能会相去甚远，家人也有可能持反对态度，理想有可能会与现实发生冲突，他/她也可能会变得现实起来。一方面，你可能无法适应即将分别的现实；另一方面，每个人对自己的未来也有不同的规划。

所以，对于大学的恋爱，一切随缘。

（5）欠费。

欠学费怎么办？欠学费当然得交，要不还能怎么办？若是欠学费，毕业证是肯定拿不到的，学校档案处也不会寄出档案。

如果因为没有按时交纳学费而产生欠款影响毕业，那无话可说。在这里，笔者唯一想和大家说的是：如果有些事你以前做错了，就尽早承认吧。假如乱花了父母给的学费，就要面对错误，寻求家里原谅，以后工作挣钱了再偿还，好好报答父母。千万别惹那些“高利网贷”，错上加错，影响的有可能就是你的一生。经过几年的大学生活，知识的积累和经历的磨炼已然让你们形成了自身的人生观与价值观，对周边的事物已经有了自己的看法，基本具备了步入社会的意识与能力。你们不仅关注社会各方面的变化，也善于同自身情况联系起来思考，进入毕业季，关心与自己未来相关的问题是正常的。

社会是复杂的，在毕业季出现情绪起伏大、心情压抑、心理负担过重在所难免。记住：“天将降大任于斯人也，必先苦其心志，劳其筋骨，饿其体肤，空乏其身，增益其所不能。”大学时光已经教会你足够应付一切的能力，相信自己，上天将要降重大责任在青年一代人的身上。克服“毕业焦虑症”，勇敢走上社会吧！

参考文献

[1] 曾长秋，万雪飞．青少年上网与网络文明建设 [M]．长沙：湖南人民出版社，2009．

[2] 杨鹏，网络文化与青年 [M]．北京：清华大学出版社，2006．

[3] 张鸿燕．网络环境与高校德育发展 [M]．北京：首都师范大学出版社，2009．

[4] 张开．媒介素养概论 [M]．北京：中国传媒大学出版社，2006．

[5] 程京，吴灿新．爱情与道德 [M]．太原：山西教育出版社，1992．

[6] 周志毅．网络学习与教育变革 [M]．杭州：浙江大学出版社，2006．

[7] 欧阳友权．网络传播与社会文化 [M]．北京：高等教育出版社，2005．

[8] 蔡帼芬，张开，刘笑盈．媒介素养 [M]．北京：中国传媒大学出版社，2005．

[9] 谢新洲．网络传播理论与实践 [M]．北京：北京大学出版社，2004．

[10] 何昭红，覃干超．心理健康与成功人生 [M]．桂林：广西师范大学出版社，2006．

[11] 杨晓慧．当代大学生成长规律研究 [M]．北京：人民出版社，2010．

[12] 魏永秀．网络媒介素养教育的意义及方法 [J]．新闻界，2011（8）：134-136．

[13] 贝静红．大学生网络素养实证研究 [J]．中国青年研究，2006（2）：17-21．

[14] 张向战．网络文化对大学生思想道德的影响及对策 [J]．学校党建与思想教育，2009（32）：41-42．

[15] 欧阳九根，刘文献，梁一灵．大学生网络素养教育存在的问题与对策 [J]．教育与职业，2014（14）：175-177．

[16] 孙霞．新时代大学生网络素养教育研究 [J]．计算机教育，2021（5）：149-151．

[17] 陈华明，杨旭明．信息时代青少年的网络素养教育 [J]．新闻界，2004（4）：32-33．

[18] 华岚芳．新媒体时代大学生网络素养教育面临的机遇与挑战 [J]．百科知识，2021（15）：77-78．

[19] 严利华．大学生网络素养教育的紧迫性及其自我调整 [J]．今传媒，2012（3）：137-138．

[20] 水淼，程洪亮．三重建构：新媒介环境下网络媒介素养提升之门径 [J]．太原师范学院学报（社会科学版），2009（4）：48-50．

[21] 李晓彩，王宪政，雷鸣．从博客传播探究大学生媒介素养的欠缺与提升策略 [J]．河北工程大学学报（社会科学版），2009（4）：96-99．

[22] 宫倩，高英彤．论美国青少年网络伦理道德建设的路径 [J]．青年探索，2014（1）：40-45．

[23] 杨靖靖．新时期高校大学生网络沉迷的新特点与对策研究 [J]．经济研究导刊，2011（30）：295-296．